Robert Angler

Sicherheitseinrichtungen auslegen
…… aber richtig!

Verlag: tredition GmbH, Halenreie 40-44, 22359 Hamburg
ISBN: 978-3-347-38740-9

Bibliografische Information der Deutschen Nationalbibliothek: Die Deutsche Nationalbibliothek verzeichnet diese Publikation in der Deutschen Nationalbibliografie; detaillierte bibliografische Da-ten sind im Internet über http://dnb.d-nb.de abrufbar.

Vorwort

Zunächst ist zu bemerken, dass dieses Traktat keinen Anspruch auf Vollständigkeit erhebt.

Es ersetzt auch keinesfalls die gängigen Vorschriften.
Es sind einfach nur weitere Erfahrungen aus über 20 Jahren der Auslegung von Sicherheitseinrichtungen des Autors gespickt mit ein paar Beispielen, wie man „es besser nicht macht".

Alles in lockerer Zusammenstellung.
Auch der Autor musste Lehrgeld bezahlen.

Insbesondere den Herren Rolf Limpert (BASF AG, Ludwigshafen) und Dr. Michael Kleiber (TKIS, Bad Soden a.T.) sei hier gedankt für die Korrekturen und die anregenden Hinweise.

Hier werden Absicherungen betrachtet, die der EU 68/2014 (PED) genügen. Also Absicherungen von Druckbehältern und Rohrleitungen über 0,5 bar$_\text{ü}$.
Die Absicherung von Lagerbehältern und Tanks erfordern andere Regelwerke und sind nicht Gegenstand dieser Ausführungen.

Was nie berücksichtigt wird ist die Tatsache, dass falsch ausgelegte Sicherheitseinrichtungen einen gleichgroßen oder größeren Schaden anrichten können, als wäre erst gar keine Sicherung vorhanden. Neben der Tatsache, dass das schon dokumentiert wurde, ist es vielfach in Vergessenheit geraten. Es werden heute also dieselben, oder schlimmere Fehler bei der Auslegung von Sicherheitseinrichtungen gemacht, als vor über 20 Jahren.
Leider nichts dazugelernt…

Erst in den 1990'gern fing man an, die Eigenheiten von Sicherheitseinrichtungen, besonders die der Sicherheitsventile, genauer zu untersuchen. Heraus kam, dass sowohl die Sicherheitsventile verschiedener Hersteller als auch die Regularien Unzulänglichkeiten aufwiesen. Die Hersteller reagierten und verbesserten ihre Produkte. Auf die Regularien hatten diese Erkenntnisse allerdings wenig Einfluss. Resultat ist, dass die Regularien zur Auslegung von Sicherheitsventilen bis heute unzulänglich sind.

Diese Schrift soll besonders für Jungingenieure und auch für Ältere eine Hilfe darstellen, die eine Auslegung von Sicherheitseinrichtungen durchführen müssen ohne je dafür ausgebildet worden zu sein und/oder sich lediglich an den unvollständigen Regularien langhangeln müssen.

Inhalt

1   Grundlagen

Die Notwendigkeit, Sicherheitseinrichtungen an Apparaten und Rohrleitungen anzubringen, liegt zunächst darin begründet, dass jegliche Technik, und sei sie noch so gut, versagen kann.

Das Versagen der Technik kann zu folgenden Schäden führen:
a)   Schäden für Leib und Leben
b)   Schädigung der Umwelt
c)   Sach- und Finanzschäden

Die Fälle a) und b) sind durch einschlägige gesetzliche Regularien abgedeckt. Hier ist eine Sicherung zwingend vorgeschrieben.

Im Fall c) ist es eine Entscheidung der Wirtschaftlichkeit des jeweiligen Unternehmens.

Um zu erkennen, wo innerhalb einer Anlage Gefahren entstehen können, ist zunächst eine Gefährdungsanalyse der Anlage bzw. deren Anlagenteile nötig. Diese beschreibt die Auswirkungen auf Umwelt und Mitarbeiter bei technischem und menschlichem Versagen während An-, Abfahrvorgängen und des Betriebes der Anlage.

Ein weiterer Schritt ist die Sicherheitsanalyse (HAZOP), die das potentielle Versagen einzelner Anlagenteile und Komponenten, deren Gefährdung und die Vermeidung der daraus entstehenden Gefahren bereits in der Planungsphase dokumentiert und durch geeignete Maßnahmen zu verhindern versucht.

Für die grundlegende Analyse einer Gefährdung eignet sich auch eine Risikomatrix.

Allerdings unterscheiden sich diese massiv je nach betrachtendem Risikoumfeld und in ihrer Diversität. Das schönste bisher gefundene Beispiel stammt aus dem Bereich des Sportes für Schüler, dass sich relativ leicht für die Chemische Industrie übersetzen lasst.

Matrix zur Risikoabschätzung im Schulsport					
Schadensschwere / Eintrittswahrscheinlichkeit	Keine gesundheitlichen Folgen	Bagatellfolgen (Schulbesuch kann fortgesetzt werden)	Mäßig schwere Folgen (Schulbesuch kann nicht fortgesetzt werden, ohne Dauerschäden)	Schwere Folgen (irreparable Dauerschäden möglich)	Tödliche Folgen
	I	II	III	IV	V
praktisch unmöglich A	extrem gering 1	extrem gering 1	sehr gering 2	eher gering 3	mittel 4
vorstellbar B	extrem gering 1	sehr gering 2	eher gering 3	mittel 4	hoch 5
durchaus möglich C	sehr gering 2	eher gering 3	mittel 4	hoch 5	sehr hoch 6
zu erwarten D	sehr gering 2	mittel 4	hoch 5	sehr hoch 6	extrem hoch 7
fast gewiss E	sehr gering 2	mittel 4	sehr hoch 6	extrem hoch 7	extrem hoch 7

Die Übersetzung für menschliche und Umweltschäden in der Industrie könnte lauten:

7   Änderung des Verfahrens hinsichtlich höherer Sicherheit erforderlich, keine technische Absicherung möglich

6   Prüfung auf Änderung des Verfahrens hinsichtlich höherer Sicherheit oder Absicherung mit mindestens SIL3. Ist im Einzelfall zu prüfen

5   SIL3 erforderlich

4   mindestens SIL2 erforderlich, für Zelle V/A ist Einzelprüfung erforderlich

3   durch mindestens SIL1 abzusichern. Prüfen, ob Betriebsanweisungen ausreichen

2 / 1   Durch Betriebsanweisungen abzusichern

Was in dieser Matrix natürlich nicht berücksichtigt wird sind die wirtschaftlichen Schäden, die, selbst bei geringer Wahrscheinlichkeit, dann doch einen immensen Schaden finanzieller Art verursachen können. Daher werden oft „übertriebene" Sicherungen notwendig, um genau diesen „GAU" zu verhindern. Für den ungeübten Betrachter erscheint plötzlich eine Sicherung, auch in SIL3, an deren Stelle eigentlich keine Sicherung notwendig wäre.

Leider versuchen viele Beratungsunternehmen (TÜV, etc.) Matrizen zu erstellen, die generell gelten sollen; also „alles über einen Kamm geschert".

Inwieweit sich ein solch generelles System für alle Bereiche bewähren soll, vermag ich bis heute nicht zu beurteilen.

Nochmal, eine absolut sichere Technik gibt es nicht!

Wichtig ist, dass alle Analysen und die daraus folgenden Sicherungen gegen Gefahren vollständig dokumentiert werden.

Hintergrund der Dokumentation ist, dass diese Gefährdungen nur zu einem bestimmten Zeitpunkt und einem bestimmten Zustand der Anlage, egal ob im Betrieb oder in der Planung, erstellt werden.

Anlagen werden optimiert und umgebaut. Das bedeutet, dass sich die Funktionsweise der Anlage oder die von Anlagenteilen ändert. Damit muss auch eine neue Sicherheitsbetrachtung einhergehen. Vor allem, da selbst kleine Änderungen u.U. die bisherigen Sicherheitsanalysen komplett obsolet machen können.

Absicherungen werden in den meisten Fällen gegen Drucküberschreitungen geschlossener Behälter/Rohrleitungen eingesetzt. Das plötzliche Versagen eines solchen Druckgefäßes kommt, so gasgefüllt, der Explosion einer Bombe gleich, mit entsprechendem Zerstörungspotential.

Als Absicherung gegen Überdruck werden generell drei verschiedene Sicherungseinrichtungen durch die Behörden akzeptiert.

- eigen- und fremdgesteuerte Sicherheitsventile
- Berstscheiben
- unabhängig wirkende elektrische Einrichtungen

Die größten Probleme bereitet dabei die Auswahl einer geeigneten Sicherheitseinrichtung. Vielleicht helfen die nachfolgenden Seiten das Ganze etwas zu erleichtern.

(Allerdings bezweifle ich das letztlich, der Autor).

Neben allen Regularien mag folgendes bedacht werden:

Es gibt einen Unterschied zwischen gesetzeskonformer Auslegung und dem „Stand der Technik", der allerdings nirgends dokumentiert ist (schade).

In den meisten Fällen wird eine Sicherheitseinrichtung gesetzeskonform ausgelegt. D.h. sie entspricht den Regularien z.B. der PED, der EN4126, AD2000, der API 520/521/526, etc., und/oder den lokalen Regularien des jeweiligen Landes.

Sollte nun ein Schadensfall mit Personen- und/oder gravierenden Umweltschäden eintreten, passiert folgendes:

a)   Der Staatsanwalt und/oder die Umweltbehörde untersucht die Ursache. Im Gegensatz zu früheren Zeiten (80-ziger Jahre) sind die Behörden heute soweit, dass ihnen ausgebildete Mitarbeiter zur Verfügung stehen, um die Ursachen zweifelsfrei feststellen zu können. Natürlich dauert das. Aber, ist alles im Rahmen der gesetzlichen Bestimmungen, so hat das Unternehmen kaum strafrechtlichen Folgen zu erwarten.

b)   Nun kommt die versicherungstechnische Abwicklung. Versicherungen neigen dazu, wie jedermann bekannt, ihre Zahlungsverpflichtungen soweit wie möglich zu unterdrücken. Aufgrund der rechtlichen Untersuchungen wird die gesetzeskonforme Auslegung anerkannt. Allerdings wird jetzt geprüft, ob die Auslegung auch dem Stand der Technik entspricht. Fakt ist, dass Regularien dem aktuellen Wissen oft um Jahre hinterherhinken. Dies bedeutet letztlich, dass, selbst wenn alle Regularien erfüllt wurden, eine Versicherung auch dann nicht zahlt, wenn neueste Erkenntnisse der Technik nicht berücksichtigt wurden. Inwieweit hierbei die Bestandssicherung berücksichtigt werden kann ist, sicherlich unterschiedlich. Es hängt also letztlich vom Versicherungsvertrag ab.

Ein Fakt bleibt, selbst wenn alles geregelt ist. Gerade größere Unternehmen legen, berechtigterweise, großen Wert auf ihre Reputation. Wenn alle unter a) und b) betrachteten Probleme erledigt sind, bleibt letztlich die Frage an die Firma nach deren Glaubwürdigkeit zum Schutz deren Mitarbeiter und dem Schutz der Umwelt.

Ein international agierendes Chemieunternehmen musste einen Unfall mit mehreren Toten aufgrund eines falsch ausgelegten Sicherheitsventils ertragen. Auch wenn es mehrere Millionen Euro kostete, so hat sich dieses Unternehmen entschieden „alle" ihre Sicherheitseinrichtungen in all ihren Anlagen weltweit auf den Prüfstand zu stellen, diese neu zu berechnen und ggfs. auszutauschen.

„Chapeau"

Literaturstellen werden, von Ausnahmen abgesehen, im Text nicht explizit erwähnt.

Der Rest sollte allgemeines Ingenieurwissen sein.

In machen Passagen des Textes wird TÜV anstatt der heute korrekten Bezeichnung „benannte Stelle" verwendet. Lassen Sie uns bitte weiterhin TÜV, anstatt der „benannten Stelle", verwenden. Beide sind gleichwertig, aber TÜV ist kürzer.

1.1   Unterschiedliche Regelwerke in einem Projekt?

Ja, das geht.

Eigentlich hat das auch wieder mit dem Stand der Technik zu tun. Wird in einem Land eine bestimmte Sicherheit gefordert und ist in diesem kein passendes Regelwerk vorhanden so wird akzeptiert, dass das anerkannte Regelwerk eines anderen Landes herangezogen wird.

Beispiele:

a) Im europäischen Regelwerk ist die Berücksichtigung des Feuerfalles für die Auslegung von Sicherheitseinrichtungen nicht vorgesehen. Daher bedient man sich der API, die diesen Fall berücksichtigt. Allerdings werden dann die Regelungen der API den lokalen Regularien angepasst.
b) In vielen Ländern gibt es keine Regeln, die einen Schutz gegen gefährliche Emissionen berücksichtigen. In solchen Ländern wird daher auch das Regularium der deutschen TA-Luft akzeptiert.

1.2   Qualität der Regularien API / EN / AD 2000

Die API ist ein in sich geschlossenes Regelwerk, auch wenn nicht alle technischen Details ausgeschöpft werden. Das kommt vielleicht noch. Zu Bedenken ist allerdings auch, dass sich die API 521 lediglich als Empfehlung betrachtet. Allerdings wird sie weltweit als Regularium anerkannt auch in Deutschland, dem Land der Regelwütigen.

In Europa geht man einen anderen Weg, nämlich den des kleinsten gemeinsamen Nenners. Herausgekommen ist, zumindest für die Auslegung von Sicherheitseinrichtungen, die EN 4126. Leider sind damit nicht nur viele Sicherheitsbestimmungen verwässert worden, sondern auch hilfreiche Informationen der Vornorm AD2000-A1, A2, A6 verlorengegangen.

Schade.

Vollkommen in Vergessenheit geraten ist die TAA-GS-18 [4], die als technische Anleitung, eine Ergänzung und Korrektur der AD2000-A1, -A2 bildete. Der größte Teil der Anleitung wurde dann in die späteren Ausgaben der AD2000 übernommen. Dennoch kann sie, bis heute, dem tieferen Verständnis der Grundlagen zur Berechnung von Sicherheitsventilen und Berstscheiben dienen.

1.3   Bar, Bar absolut oder Bar Überdruck

Dummerweise immer wieder ein unerschöpflicher Quell von Missverständnissen. Während der Verfahrenstechniker in bar absolut rechnet will der Maschinenbauer, also auch der Sicherheitsventil-Hersteller und letztlich der Anlagenfahrer, bar Überdruck sehen. Besonders „schlaue" Planer geben dann lediglich bar als Einheit an. Das setzt sich dann munter in den Datenblättern fort.

Folge:

Das Sicherheitsventil ist falsch bestellt, und falsch geliefert. Der Einstelldruck kann, ggfs. mit neuer Feder, noch korrigiert werden. Wenn's aber ganz schief läuft ist die Druckstufe des Gehäuses falsch. Berstscheiben können entsorgt werden. Bei elektrischen Sicherungen muss die komplette Doku und Elektrik überarbeitet werden.

Also:

Einheiten bitte korrekt und vollständig angeben, sonst wird's nicht nur gefährlich, sondern auch teuer. Eine Prüfung der Unterlagen durch qualifiziertes Personal ist also zwingend erforderlich.

2   Formelzeichen

Alle Einheiten in SI

A   - Fläche

a   - Schallgeschwindigkeit

c   - spezifische Wärme, Federkonstante

d   - Durchmesser

F   - Faktor, dimensionslos

K   - Oberflächenrauhigkeit

L   - Länge

$\dot{m}$ - Massenstrom

S   - Sekunde

H   - Enthalpie

ln   - natürlicher Logarithmus

log - Logarithmus zur Basis 10

m   - Masse

Ma - Machzahl

Ma*- kritische Machzahl

p   - Druck

Q   - Wärmestrom

R   - allgemeine Gaskonstante

Re - Reynolds-Zahl

t   - Zeit

T   - Temperatur

w, v - Geschwindigkeit

x   - Weg

Z   - Realgasfaktor

α - Ausflussziffer

α_w - zuerkannte Ausflussziffer (Ausflussziffer / 1,1)

β - kubischer Wärmeausdehnungskoeffizient

Δ - Differenz

ψ - Ausflussfunktion

η - Wirkungsgrad, dynamische Zähigkeit

λ - Rohrreibungsbeiwert

υ - kinematische Zähigkeit

ρ - Dichte

κ - c_p/c_v

Σ - Summe

ζ - Widerstandsbeiwert

Indizes:

0   - Zustand im Druckraum während des Abblasens, d_0 = Durchmesser des Ventilsitzes

1   - vor der Änderung (Wert vor der Störstelle)

2   - nach der Änderung (Wert nach der Störstelle)

a   - Zustand direkt nach der Armatur, Druck absolut

e   - bezogen auf den Eintritt

F   - fremd

g   - gauge

i   - Zähler / individuell

l   - flüssig (liquid)

n   - Ende der Abblaseleitung

p   - druckbezogen

u   - Umgebung

ü   - Überdruck

v   - Verdampfung, dampfförmig, Geschwindigkeit, volumenbezogen

y   - Zustand im Sicherheitsventil selbst (Staudruck)

Abkürzungen:

BS	- Berstscheibe
E-Modul	- Elastizitätsmodul in N/mm²
Kv	- gibt den Durchfluss einer Regelarmatur unter Auslegungsbedingungen in m³/h an
Kvs	- gibt den maximalen Durchfluss einer Regelarmatur bei voller Öffnung in m³/h an
SIL	- Safety Integrity Level, Qualität bzgl. der Ausfallwahrscheinlichkeit von Geräten
SV	- Sicherheitsventil
MAK	- Maximale Arbeitsplatzkonzentration
VDI-WA	- VDI Wärmeatlas

Softwareverweise:

Aspen	- Aspen Plus®, Berechnungssoftware zur Prozesssimulation
PRO II	- AVEVA™ PRO/II™ Simulation, Berechnungssoftware zur Prozesssimulation
FluidFlow	- Druckverlustberechnung von Strömungen in verzweigten Netzen
HTRI	- Heat Transfer Research, Inc., Berechnungssoftware zur Wärmetauscher-Auslegung
CAESAR II™	- Rohrleitungs-Spannungsanalyse
ROHR2	- Rohrleitungs-Spannungsanalyse
CONVAL®	- Software zur Berechnung von Instrumentierungen

3 Technische Grundlagen der Auslegung

3.1 Double Jeopardy

Unter „double Jeopardy" versteht man, dass zwei voneinander unabhängige Ereignisse die auf eine Sicherheitseinrichtung wirken nicht als gleichzeitiges Ereignis berücksichtigt werden müssen. Feuer und das Versagen einer Regelarmatur durch Hilfsenergieausfall sind für die Auslegung, z.B. eines Sicherheitsventils, zwei getrennte Ereignisse, die jeweils auch getrennt betrachtet werden und einzelne Massenströme generieren.

Das heißt natürlich nicht, dass Folgefehler nicht berücksichtigt werden müssen. Hat also z.B. das Feuer keinen Einfluss auf ein Regelventil, dessen Versagen als Auslegungsgrund für ein Sicherheitsventil maßgebend ist, so ist dennoch zu prüfen, ob das Feuer nicht die elektrische/pneumatische Zuleitung genau zu diesem Ventil zerstören kann, sodass das Versagen des Regelventils dennoch für die Dimensionierung des SV maßgebend ist.

Dies ist zwar kein klassischer double Jeopardy aber ein klassischer Folgefehler, den im Normalfall keiner betrachtet.

Dennoch:
Unter bestimmten Bedingungen und besonders bei kritischen Medien lohnt sich die Betrachtung des double Jeopardy.

Beispiel, Hr. Limpert, für einen klassischen Folgefehler.
Ein Behälter mit Acrylsäure, Umwälzpumpe und Wärmetauscher. Acrylsäure neigt ab ca. 37°C zur Autopolymerisation mit extremer Exothermie. Unter 14°C stockt sie. Flammpunkt ist 48°C. Beginnt die Autopolymerisation so ist sie durch nichts mehr zu stoppen.
Pumpe und Wärmetauscher standen in einiger Entfernung vom Lagerbehälter.

Fehler 1:
Ein Stromausfall führte zum Ausfall der Pumpe. Da nun kein Medienfluss und kalte äußere Bedingungen herrschten bildete sich in der Druckleitung der Pumpe ein Pfropfen.

Fehler 2:
Als nach ca. 20 min die Pumpe wieder anlief förderte sie gegen ein geschlossenes System. Das Medium wurde dann in der Pumpe so weit erhitzt, dass die Autopolymerisation einsetzte und sich „rückwärts" in den Lagerbehälter fortsetzte.
Die folgende Reaktion war nicht mehr zu stoppen und äußerst unschön.

Problem hierbei war das Fehlen ausreichender Instrumentierung mit Alarmierung. Grundlegend hat der Planer dieser Anlage den „Stoff" nicht verstanden. Und damit meine ich nicht nur das Medium.

4 Auslegungsszenarien

Folgend einige und beileibe nicht alle Möglichkeiten die zum Ansprechen einer Sicherheitseinrichtung führen, sowie deren Ermittlung des abzuführenden Massenstromes.

Die Grundlagen hierfür sind hauptsächlich, aber nicht nur, in der API 521 zu finden. Eigentlich sollte es unnötig sein die Auslegungsszenarien der API 521 hier zu wiederholen. Aber die Praxis hat gezeigt, dass es Sinn macht die Auslegungsszenarien genauer zu untersuchen und ggfs. Erweiterungen / Eingrenzungen zu betrachten.

4.1 Blenden

Blenden werden eingesetzt um den maximalen Massenstrom durch ein Sicherheitsventil oder eine Berstscheibe zu begrenzen.

Die Begrenzung des Massenstroms durch Blenden ist vorzuziehen gegenüber der früher üblichen Begrenzung durch Armaturen, weil Blenden viel billiger sind und Armaturen gelegentlich ausgetauscht werden müssen! In diesem Fall müssten nämlich die neuen Armaturen exakt baugleich sein, gleicher kvs-Wert, was bei uralten Armaturen überhaupt nicht möglich ist.

Allerdings ist die Ausführung einer Lochblende für die Berechnung des Massenstromes entscheidend. Generell werden hierfür zwei Ausführungen bevorzugt:

Die einfache Blende, die lediglich aus einer Scheibe mit definierter Bohrung besteht. Für diesen Typ ist eine Ausflussziffer von 0,62 anzunehmen. Die Einbaurichtung ist dabei unerheblich.

Die Messblende besteht aus einer definierten Bohrung und ist einseitig mit ebenfalls definierter Fase versehen. Für diesen Typ kann eine Ausflussziffer von 0,8 angesetzt werden. Allerdings ist darauf zu achten, dass die Blende mit der Fase „stromabwärts" eingebaut wird. Auch CONVAL setzt diesen Typ als Grundlage der Berechnung des Massenstromes für Blenden voraus. Alle Blenden sollten mit einer Lasche versehen sein auf der der Durchmesser der Bohrung eingeschlagen ist. Bei Messblenden muss auch die Einbaurichtung auf der Lasche gekennzeichnet sein. Die Kennzeichnung der Blende als sicherheitsrelevantes Bauelement ist Pflicht. Je nach Medium sind Blenden bezüglich ihres Verschleißes regelmäßig zu prüfen. Selbst Gase verschleißen die Kanten der Bohrung im Laufe der Zeit. Sind die Kanten verschlissen, ändert sich auch die Ausflussziffer womit der ursprünglich errechnete Massenstrom nicht mehr stimmen kann. Folge: Die Auslegung des Sicherheitsventils oder der Berstscheibe ist damit fehlerhaft.

4.2 Flüssigkeiten

$$\dot{m} = \alpha \cdot A \cdot \sqrt{2 \cdot (P_1 - P_2) \cdot \rho_1}$$

Die Dichteänderung bei Flüssigkeiten nach der Blende kann, für technische Belange, vernachlässigt werden. Jedenfalls solange das Medium nach der Entspannung flüssig bleibt.

Flüssigkeiten, nahe des Siedepunktes, können in/nach der Blende verdampfen.
Das birgt zwei Probleme:
a) Das nachfolgende Regelventil wird, wenn zu kurz dahinter angebracht, durch die Gasanteile nicht mehr sicher funktionieren.
b) Stabilisiert sich der Druck nach der Blende wieder, d.h. liegt das wieder Flüssigkeit vor, wird mit Sicherheit Kavitation stattgefunden haben. Meist hört man das. Fakt ist, dass die Materialien auf Dauer zerstört werden. Diese Situation sollte entweder von vorn herein verhindert oder Blende und Regelventil daraufhin ausgelegt werden.

4.3 Gase

$$\dot{m} = \alpha \cdot \psi \cdot A \cdot \sqrt{2 \cdot P_1 \cdot \rho_1}$$

Kontrolle der Einheiten:

$$\frac{kg}{s} = m^2 \cdot \sqrt{\frac{N}{m^2} \cdot \frac{kg}{m^3}} = m^2 \cdot \sqrt{\frac{kg \cdot m}{s^2 \cdot m^2} \cdot \frac{kg}{m^3}} = \frac{kg}{s}$$

Multipliziert mit 3600 s/h ergibt sich dann der Massenstrom in kg/h.
Bei Sicherheitsventilen und Berstscheiben wird der abzuführende Massenstrom in kg/h angegeben.

4.4 Überströmung

Überströmung entsteht z.B. dadurch, dass ein Ventil, welches lediglich während des Anfahrens benötigt wird, versehentlich im Normalbetrieb geöffnet wird und damit eine ungewollte Verbindung zwischen Hoch- und Niederdruckteil einer Anlage schafft.

Berechnung des Massenstromes:

Allgemein:

$$\dot{m} = \alpha \cdot \psi \cdot A \cdot \sqrt{2 \cdot P_1 \cdot \rho_1} \qquad \text{für Gase}$$
$$\dot{m} = \alpha \cdot A \cdot \sqrt{2 \cdot (P_1 - P_2) \cdot \rho_1} \qquad \text{für Flüssigkeiten}$$

Allerdinge sollte man, besonders bei langen Leitungen und/oder Durchmessersprüngen die Druckverluste durch Strömung berücksichtigt werden.

4.5 Feuer

Dies ist wohl das komplexeste Kapitel zur Auslegung von Sicherheitseinrichtungen.

Feuer wird in der API 521 als maßgebender Auslegungsfall beschrieben. Im europäischen Regelwerk ist es als Auslegungsfall für Sicherheitseinrichtungen nicht genannt. Allerdings folgen nahezu alle Raffinerien, auch die europäischen, der Vorgabe der API.

Es wird dabei u.A. angenommen, dass durch eine Leckage an einer Flanschverbindung brennbares Medium austritt und sich dieses entzündet.

Ferner ergibt sich das Problem, das lt. API im Feuerfall eine Drucküberschreitung des Apparates von 21% erlaubt ist. Die API geht davon aus, dass bei solchen Ereignissen nicht der Berechnungsdruck, sondern der höhere Prüfdruck in Anspruch genommen werden kann.

Im europäischen Regelwerk (z.B. PED) beträgt die maximale Drucküberschreitung 10%. Damit ist das europäische Regelwerk in sich konsistent.

Die Berechnung eines Apparates ist mit 10%-iger Sicherheit ausgeführt. Das Sicherheitsventil öffnet bei 10% über Ansprechduck voll. Daher wird der Apparat, zumindest rechnerisch nicht überlastet.

Ein Mischen beider Regelwerke verbietet sich damit, wenn auch häufig, mit den fadenscheinigsten Gründen, angewandt und ebenso häufig auch vom TÜV akzeptiert (muss ich nicht nachvollziehen können).

Ein Beispiel gefällig? Nur weil im europäischen kein Feuer betrachtet wird...

In einem Ethylen-Cracker wurde eine Flanschverbindung undicht. Es entwich Propylen, das sich entzündete. Glücklicherweise waren

keine Behälter oder größere Rohrleitungen in der Nähe. Nun, dummerweise lag die ungeschützte Haupttrasse der MSR direkt über der Feuerstelle.
Fazit: Wochenlanges Abfackeln aller Gase und noch längeres Instandsetzen. Gott sei Dank nur finanzieller Schaden. Im deutschen / europäischen Recht ist der Feuerfall nun mal nicht vorgesehen!

4.6   Einflussbereich der Feuereinwirkung

Zunächst die Frage, bis zu welcher Höhe ist die Einwirkung durch Feuer zu berücksichtigen?
Die API 521 geht hier von 25 Fuß, ca. 7,6 m, aus. Die Höhe der Betonsockel unterhalb der Apparate kann, zur Verminderung der Feuerhöhe, in Ansatz gebracht werden.
Ferner ist zu berücksichtigen, ob und wo sich das austretende Medium in hinreichender Menge ansammeln kann, um genügend Wärmeenergie zu entwickeln (Ablaufstellen berücksichtigen).

Beispiel:
Die Undichte sei an einem Behälterflansch auf der 8m-Bühne, der ersten Bühne. Die Bühne besteht aus Stahlbau mit eingelegtem Gitterrost.
In diesem Fall wird die brennbare Flüssigkeit auf 0m fließen und die Apparate und Rohrleitungen der unteren Bühne durch Brand beanspruchen.
Ist die 8m-Bühne mit einem Betonfundament ausgestattet, so gilt diese Höhe als Nullpunkt zur Ermittlung der Feuerhöhe. Inwieweit dabei ein Bühnenablauf berücksichtigt werden muss, ist im Einzelfall zu diskutieren.

Die weitere Frage: bis zu welcher Entfernung muss die Wärmeeinwirkung von Feuer berücksichtigt werden?
Hier geht die API 521 von einem maximalen Umkreis von 30m aus. Dieser kann durch die Anbringung geeigneter Bühnenabläufe eingeschränkt werden. Der Nachweis geschieht sinnvollerweise durch

Markieren der Feuereinflussbereiche auf den entsprechenden Bauzeichnungen.

Dennoch, innerhalb der Feuereinflusszone sind **alle** Apparate und **alle** Rohrleitungen bis zur entsprechenden Höhe zu berücksichtigen.
Die Beurteilung des Einflusses auf Rohrleitungen ist gerade in der Anfangsphase der Planung schwierig, da noch keine aussagekräftigen Isometrien vorliegen.
Hier behilft man sich dadurch, dass man dickere Rohrleitungen (z.B. ab DN300 / 12") als Apparate betrachtet, deren Länge, und damit Oberfläche, abschätzt und sie der Fläche der zugehörenden Apparate zuschlägt. Kleinleitungen können durch einen Faktor der Apparatefläche (2-5%), je nach Durchmesser und Menge, berücksichtigt werden.

4.7 Minderung des Wärmeeintrages durch Wärmedämmung

Obwohl die API 521 die Minderung des Wärmeeintrages durch Feuer erlaubt, wird der Einfluss der Isolierung **in der Praxis nicht** berücksichtigt.

Gründe hierfür sind:

- Die Ausführung der Dämmung muss komplett und feuerresistent sein. D.h. sowohl Isoliermaterial als auch die Abdeckung der Isolierung muss hinreichend wärmefest sein (ca. 600°C).
- Der Wärmeübergangswert der Dämmung muss nachgewiesen werden. Die Temperaturresistenz des Dämmmaterials bis 600°C muss nachgewiesen werden.
- Die isolierte Oberfläche muss nachgewiesen werden.
- Zukünftige Änderungen des Dämmmateriales und dessen Menge bedürfen einer Neuberechnung der Auslegung der Sicherheitseinrichtung.
- Mal schnell die Dämmabdeckung entfernen und dann wieder mit Alufolie abdecken verbietet sich.

Um diesem Aufwand zu entgehen wird die Isolierung, gleich welcher Art, normalerweise nicht berücksichtigt.

Soll die Minderung des Wärmeeintrages durch Dämmung dennoch berücksichtigt werden und ist eine genaue Berechnung der isolierten Oberfläche nicht möglich, so darf, entsprechendes Dämmmaterial vorausgesetzt, nach API 521 eine Minderung des Wärmeeintrages um 70%, in erster Näherung, angenommen werden.
Aber auch die API verlangt einen Nachweis.

4.8 Wärmeeintrag durch Feuer, nach API 521-2014

$$Q = 50000\,(bis\ 150000) \cdot \sum_{i=1}^{n}(F_i \cdot A_i^{0,82}) \qquad \text{in W}$$

mit F = reduzierender Faktor durch Isolierung (z.B. 0,3), A im m²
Der alte Wert von 43227 ergibt sich aus einem Grundwert und der Umrechnung Imperial Units in SI-Einheiten. Der Grundwert ist wohl aus Messungen und Erfahrung ermittelt. (Ist in API 521, ab 2008 direkt in SI-Einheiten angegeben).

Achtung: Ab API 521, 2014 ist dieser Wert mit 50000 – 150000 angegeben. Es liegt also jetzt wieder in der Verantwortung des Planers, welcher Wert zugrunde gelegt wird.

4.9 Ermittlung des abzuführenden Massenstromes unter Feuereinwirkung

4.9.1 Behältervolumen, flüssigkeitsgefüllt

Dies gilt **nur** unter der Voraussetzung, dass der Behälter flüssigkeitsgefüllt ist und die Siedetemperatur der Flüssigkeit unterhalb der Feuertemperatur liegt.

$$\dot{m} = \frac{Q}{h_v}$$

Die abzuführende Masse ist nach der Verdampfung gas-/dampfförmig.
Ein Problem ergibt sich damit bei Mischungen. Hier sollte die Menge der Einzelkomponenten bei der Verdampfung über die Temperatur (und damit der Zeit) berücksichtigt werden. Die dabei entstehende größte Menge (meist Leichtsieder) ist maßgebend zur Auslegung der Sicherheitseinrichtung, da sie zuerst verdampfen werden.

Aber:
Flüssige Mischungen allein aus der Verdampfung der Einzelkomponenten zu betrachten schlägt fehl. Adhäsionskräfte und Siedever-
züge können die Ermittlung des Massenstromes komplett verfäl-
schen. Hier geben Programme wie ASPEN / PRO II und co. wert-
volle Hilfe.

Bitte beachten:
Generell ist das „operative" Füllvolumen zu beachten. Ist dies niedriger als die maximale Feuerhöhe, so ist auch die Zeit bis zur voll-
ständigen Verdampfung der Flüssigkeit bei Brand zu berücksichtigen. Danach ist eine Betrachtung nach 4.9.2 nötig.

4.9.2 Gasförmige Füllung, Schwersieder

Ab jetzt wird's knifflig, denn durch Fehlen der hinreichenden Verdampfung kann im Apparat keine konstante Temperatur gewähr-
leistet werden. Die Temperatur wird bis zum Versagen der Struk-
turfestigkeit des Behälters ansteigen. Die genaue Temperatur des
Behälterversagens kann, seriös, nicht berechnet werden.
Normalerweise werden Behälter mit einer bestimmten Auslegungstemperatur berechnet.
Diese Temperatur wird konservativ als obere Grenztemperatur angesetzt.

Berechnung des Druckanstieges durch die Erwärmung des Gases.
Diese Vorgehensweise ist jedoch mit der „benannten Stelle" und der
Feuerwehr abzustimmen.

Denn ab jetzt wird das Ganze zu einem Problem der Zeit!

In größeren Industrieunternehmen gibt es eine festgelegte Zeit, bis
zu der Feuerbekämpfungsmaßnahmen, z.B. durch die Feuerwehr,
garantiert sind.

Man kann sich also damit behelfen, indem man nachweist, dass Feuerbekämpfungsmaßnahmen (Feuerwehr) eingeleitet werden, bevor der Behälter strukturell versagt.

a)   reine Gas-, Dampffüllung

Zeit bis zum Erreichen der Stabilitätsgrenze des Behälters

$$t = \frac{\sum_{i=1}^{n}\left(cp_i \cdot m_i\right)\cdot \Delta T}{Q} \; ; \text{wird auch vom TÜV akzeptiert}$$

$cp_i \cdot m_i$ - mittlere spezifische Wärmekapazität aller Materialien und Medien, mit den zugehörigen Massen

ΔT - Auslegungstemperatur oder Versagenstemperatur minus Betriebstemperatur

Dabei geht man davon aus, dass bei Erreichen der Auslegungstemperatur noch kein Versagen des Behälters vorliegen kann (europäisches Regelwerk).

Liegt nun die berechnete Zeit oberhalb der garantierten Eingriffszeit der Feuerwehr ist alles ok. Andernfalls sind separate automatische Kühleinrichtungen für diesen Behälter erforderlich.

 b)   teilweise Flüssigkeitsfüllung

Hier gibt es zwei Möglichkeiten:
- Die Verdampfungstemperatur der Flüssigkeit liegt oberhalb der Auslegungstemperatur.
- Dann läuft die Berechnung nach a) unter Berücksichtigung der Erwärmung des Flüssigkeitsvolumens.

- Die Verdampfungstemperatur der Flüssigkeit liegt unterhalb der Auslegungstemperatur:
- Hier ist zunächst die Zeit bis zur völligen Verdampfung der Flüssigkeit zu ermitteln. Der Druckanstieg im Behälter muss berücksichtigt werden.
- Danach erfolgt die Ermittlung der Zeit nach a).

Schwersieder erfordern eine gesonderte Betrachtungsweise.
- Gerade in der Mineralölindustrie (z.B. Sumpfprodukt der Vakuumkolonne) sind die Medien nicht rein, enthalten also auch leichter flüchtige Stoffe die bei niedriger Temperatur verdampfen und so den Druck erhöhen.
- Der Kolonnenkörper ist auf ca. 450°C ausgelegt (Betriebstemperatur 420°C). Inwieweit die Tragkonstruktion der Kolonne diese Temperatur erträgt sollte ebenfalls geprüft werden.

Generell gilt damit auch, dass die Tragkonstruktion der Apparate feuerfest ausgelegt sein muss. Was nützt es denn, wenn der Apparat feuerfest ist aber die Tragkonstruktion unter Feuer versagt, d.h. der Apparat letztlich umfällt.

4.10 Besonderheiten der Verdampfung

Kolonnen und Behälter enthalten häufig flüssige Gemische. Für die Auslegung einer Sicherheitseinrichtung ist letztlich das durch den freien Querschnitt abzuführende Volumen maßgebend.
Der freie Querschnitt muss also auf das Volumen der Leichtsieder ausgelegt werden. Zu berücksichtigen ist dies besonders, wenn gelöste Gase unter Temperaturerhöhung freigesetzt werden aber dann unter steigendem Druck doch wieder in der Flüssigkeit gelöst bleiben (Henry).
Speziell Kolonnen mit vielen Böden und Rücklaufeinrichtungen, dem sinkenden Druckprofil bei hohen Kolonnen und dem steigenden Temperaturprofil sollte Rechnung getragen werden.
Nicht ganz einfach, aber notwendig und sinnvoll.

4.11   Thermische Expansion

4.11.1 Flüssigkeiten

Thermische Expansion ist fast nur bei eingesperrten Flüssigkeiten zu prüfen.

Es ist anzunehmen, dass ein eingesperrtes Flüssigkeitsvolumen erwärmt wird. Da Flüssigkeiten nahezu inkompressibel sind, bewirkt selbst eine geringe Temperaturerhöhung eine, durch die Ausdehnung der Flüssigkeit, unzulässige Druckerhöhung.

$$\dot{m} = \frac{Q}{c_p} \cdot \beta$$

Probleme bereiten hierbei häufig die Bestimmung der spezifischen Wärme und des Ausdehnungskoeffizienten. Sowohl die spezifische Wärme als auch der Ausdehnungskoeffizient steigen mit steigender Temperatur stark an. Da beide sowohl in Zähler und Nenner der Gleichung stehen, ist es legitim zunächst mittlere Werte bezüglich der Temperaturgrenzen anzusetzen.

Sinnvoll ist sicherlich der Einsatz von genauen Zustandsgleichungen oder Simulationssystemen wie Aspen etc.

Aber Achtung:

Da auch solche Rechensysteme „nur mit Wasser kochen", sollten die berechneten Stoffdaten genau geprüft werden. Besonders dann, wenn mit „ähnlichen" Stoffen gerechnet wurde.

Vorteil dabei, die abzublasenden Mengen sind gemeinhin äußerst gering.
Aber: bitte Entspannungsverdampfung prüfen!

4.11.2 Gase

Gase sind hinreichend kompressibel, so dass eine Drucküberschreitung der Apparategrenze bei Temperaturerhöhung selten ist. Dennoch sollte die Druckerhöhung bei Temperatursteigerung geprüft werden. Vor allem dann, wenn der Betriebsdruck nahe dem Auslegungsdruck des Apparates liegt.

4.12 Unerwarteter Wärmeeintrag

Hier wird u.A. angenommen, dass eine Temperaturregeleinrichtung des Wärmetauschers auf der „warmen Seite" versagt und für eine unzulässige Temperaturerhöhung sorgt. Für die Berechnung des abzuführenden Massenstromes muss dann die volle Auslegungsleistung des Wärmetauschers angenommen werden. Die Reduzierung der Leistung, z.B. durch Fouling, darf nicht in Ansatz gebracht werden, da das Versagen der Regeleinrichtung nicht integraler Bestandteil des Wärmetauschers ist und damit auch im Neuzustand des Wärmetauschers auftreten kann.

$$\dot{m} = \frac{\dot{Q}_{\mathrm{max}{WT}}}{h_v}$$

unter der Voraussetzung, dass das aufgewärmte Medium bei der Temperatur des Heizmediums verdampft.

Ansonsten ist lediglich „thermische Expansion" zu prüfen.

4.13 Rohrreißer

Rohrreißer treten naturgemäß nur in Rohrbündeltauschern auf und auch nur dann, wenn die Rohre zwischen den „Kopfplatten" fest verschweißt sind und der Mantel keine Möglichkeit der Dehnungskompensation bietet (Tema-WT, Mantelkompensator). Diese kann nur durch Materialspannungen zwischen „warmer" und „kalter" Seite entstehen.
Probleme ergeben sich dabei nur bei Anfahr-/Abfahrvorgängen und Betriebsstörungen.
Für den Normalbetrieb ist der Wärmetauscher sicher ausgelegt.
Allerdings muss das bereits vor der Anfrage geprüft werden!
Werden diese Spannungen also zu groß, besteht die Möglichkeit eines Rohrabrisses.
Dennoch, dass ein Rohr komplett abreißt, ist unwahrscheinlich aber dennoch dokumentiert. Die meisten Fehler entstehen durch Anrisse der Schweißnähte an den Kopfplatten in denen die Rohre eingeschweißt sind. Auch hier ist ein kompletter Abriss nicht anzunehmen.

Aber:
In der Praxis hat sich folgende Vorgehensweise durchgesetzt:
- Berücksichtigung von Rohrreißern nur bei Flüssiggasen und nur dann, wenn das Druckverhältnis zwischen Niederduck- und Hochdruckseite kleiner als 10/13 ist (API 521).
- Ansonsten wird postuliert, dass der Prüfdruck der Niederdruckseite den Design-Druck der Hochdruckseite erreicht hat, und damit die Druckfestigkeit hinreichend bewiesen ist. In der Praxis wird daher hierfür ein 5mm-Loch (0.2-inch leak, acc. API 521, entspricht einem 5mm Loch) als Fehlstelle für einen Schweißnahtanrisses angenommen.

Wird Rohrreißer angenommen läuft die Berechnung analog der Blendenberechnung mit dem Unterschied, dass das Medium von beiden Seiten auf die Niederdruckseite strömt.

Daher z.B. für Flüssigkeiten:

$$\dot{m} = 2 \cdot \alpha \cdot A \cdot \sqrt{2 \cdot (P_1 - P_2) \cdot \rho_1}$$

α sollte hier mit 0,6 angenommen werden, da sicherlich keine glatte Bruchfläche vorliegt.

Bei Gasen gilt:

$$\dot{m} = 2 \cdot \alpha \cdot A \cdot \psi \cdot \sqrt{2 \cdot P_1 \cdot \rho_1}$$

Aber Achtung:
Je nachdem welches Medium in welche Seite strömt...
Für die Auslegung des Sicherheitsventils sind die jeweils maßgebenden Mediendaten anzusetzen. Dabei ist auch zu prüfen welches Medium zuerst das SV erreicht (2 Phasen). Die unterschiedlichen Massenströme aufgrund unterschiedlicher Dichten dürfen natürlich nicht die Funktion des SV beeinträchtigen (partielles Flattern).

4.13.1 Strömungstechnische Überlegungen

Nun könnte man bei einem Rohrreißer auf den Gedanken kommen, dass bei einem üblichen Durchmesser der Rohre von 20mm und einem Rissabstand von 1-2mm sich die ausströmenden Mengen gegenseitig behindern.
Das Resultat aus dieser Überlegung: Die gegeneinander gerichteten Strömungen, sehr nahe beieinander, behindern sich gegenseitig so, dass die Ausströmung gegenüber der aus zwei unabhängigen Rohrströmungen nicht erreicht werden kann.
Diese Überlegung ist sicherlich richtig.
Da es aber keine Vorhersage gibt, wie sich die Strömung bei Abriss des Rohres physikalisch ausbildet und wie die Rissstelle aussieht, muss der unangenehmste Fall angenommen werden, also freie und ungehinderte Ausströmung aus beiden Rohrenden unter Berücksichtigung der Ausflussziffer.

4.13.2 Konstruktive Überlegungen

Was wenn....
der Rohrreißer zu einer Entspannung im Mantelraum führt? D.h. das Medium des Mantelraumes strömt in die Rohre.

Während der Auslegung eines Rohrbündelwärmetauschers bis hin zu dessen Fertigung machen sich weder der Verfahrenstechniker (VT-ler), noch der Apparateprofi und erst recht nicht der Hersteller Gedanken über Rohrreißer.
Das passiert frühestens während der HAZOP, wenn der Wärmetauscher schon verbindlich bestellt ist.
Nach der HAZOP stellt der VT-ler dann erschreckt fest, dass der **Anschlussflansch des Wärmetauschers** auf der Rohrseite kleiner ist, als der Eintrittsflansch des nötigen Sicherheitsventils.

Un nu?

- Der WT-Hersteller lässt sich die Änderung „vergolden" oder
- der VT-ler ist geschult genug und denkt vorher dran. Das bedingt allerdings, dass der nicht nur HTRI-gläubig ist.

Wieder ein hübsches Beispiel:
Eine 50 Jahre alte LPG-Anlage (Flüssiggas-Anlage) besteht aus vier Kolonnen zur Trennung von Methan/Ethan, Propan, i-Butan, n-Butan und C5+ und soll einen Revamp erfahren, auch sicherheitstechnisch.
Jede Kolonne ist mit Umlaufverdampfern (Kettle Type) und Kopfkühlern plus Nebenanlagen versehen. Die Druckstufen der Kolonnen sind 35, 18, 6 und 4 bar_g.
Die Beheizung der Umlaufverdampfer geschieht mit Dampf bei 4 bar_g. Bei einem Rohrreißer wird also das Produkt der ersten 3 Kolonnen in die Dampf- und damit in die Rohrseite gepresst.
Unterlagen zu Apparaten und Sicherheitsventilen sind kaum noch vorhanden (die Anlage stammt noch aus DDR-Zeiten) und wurde innerhalb der letzten 40 Jahre „optimiert".
Da Raffinerie, greift die API.
Die Anschlussflansche auf der Rohrseite waren zu klein für den abzuführenden Massenstrom! Also Anschlussflansch vergrößern und in einen 40 Jahre alten Apparat neu einschweißen? Nein, letztlich wurden neue Einsteckwärmetauscher bestellt und eingebaut.

Ich denke mal, da macht ein Jungingenieur sein Gesellenstück.

4.14 Versagen einer Regelarmatur

Das Versagen einer Regelarmatur für die Auslegung einer Sicherheitseinrichtung ist, vornehm ausgedrückt, unschön.

Welcher Fehler auftritt, kann nicht vorhergesagt werden. Dieser kann vom „Hängenbleiben" der Armatur in nahezu geschlossenem Zustand bis zum Abriss des Regelkegels reichen. Scheint unwahrscheinlich, ist aber innerhalb der eines großen Chemieunternehmens dokumentiert.
Der durch eine Sicherheitseinrichtung abzuführende Massenstrom reicht also von nahezu Null bis zum maximalen Strömungsquerschnitt der Regelarmatur.
Alle Regelwerke sagen: „es ist der maximale Massenstrom anzusetzen".
Ein Ausweg wäre, alle betroffenen Regelarmaturen mit einer dedizierten Ausflussziffer (Kvs-Wert) einzusetzen. Dann ist der Kvs-Wert der Regelarmatur zu dokumentieren und ist Auslegungsgrundlage für die Sicherheitseinrichtung.
Gut, aber das hilft nur, wenn der volle Querschnitt bei einem Fehler immer frei ist und die Armatur nicht gegen eine mit anderem Kvs-Wert getauscht wurde. Der könnte ja nach dem Austausch größer sein. (Löst auch nicht das Problem des Hängenbleibens.)

Man behilft sich dadurch, dass vor der Regelarmatur eine Begrenzungsblende eingebaut wird, die als Auslegungsgrundlage für die Sicherheitseinrichtung dient.
Um nun den Prozess und etwaige Variationen der Prozessparameter nicht zu beeinflussen gilt für die Auslegung der Begrenzungsblende:

Maximaler Massenstrom durch die Blende = Maximal benötigter Prozessstrom plus 30 – 50%

Zu beachten ist dabei, dass die Blende einen Strömungswiderstand darstellt, der die Funktion der nachgeschalteten Regelarmatur beeinflussen kann. Dies besonders dann, wenn ein Medium in der Nähe der Verdampfung betrieben wird.

Aber:
Der Einsatz der Blende löst das grundsätzliche Problem nicht. Es wird lediglich der maximale Massenstrom durch die Blende begrenzt. Dies allerdings nur, wenn der maximale Massenstrom der Regelarmatur einen höheren Massenstrom als den durch die Blende erlaubt.
Ansonsten siehe auch Kapitel „Flattern"

Ferner sollte die Blende mit mindestens 20D der Rohrleitung vor dem Regelventil verbaut werden, um die Funktion der Regelarmatur sicher zu stellen.

Anmerkung zu Altanlagen, bei denen häufig nur der Kv-Wert dokumentiert ist.
Zunächst sind zwei Begriffe zum Durchfluss einer Regelarmatur zu klären.

Kv-Wert:
Dieser Wert beschreibt den Volumendurchfluss in m^3/h unter Betriebsbedingungen. Er gilt als Grundlage der Auslegung des Regelventils während der Planungsphase. Als Grundlage zur Auslegung eines Sicherheitsventils ist er absolut ungeeignet.

Kvs-Wert:
Dieser Wert beschreibt den maximalen Durchfluss in m^3/h durch eine Regelarmatur. Dieser Wert kann als Grundlage der Auslegung eines Sicherheitsventils dienen. Allerdings nur dann, wenn diese Armatur als Sicherheitsrelevant gekennzeichnet ist und sich der Kvs-Wert bei Austausch nicht ändert.

Allerdings ist zu prüfen inwieweit sich die thermodynamischen Daten des Mediums unter verschiedenen Öffnungsgraden nach der Armatur verändern. Diese Daten sind für die Auslegung des Sicherheitsventils maßgebend, werden aber mit der Angabe des Kvs-Wertes im Allgemeinen nicht angepasst. Da das Ganze, je nach Prozessaufgabe der Armatur (Flash-Armatur, Hochdruckminderung, etc.) sehr schnell komplex wird, sind Blenden einfach vorzuziehen. Die Prüfpflicht der thermodynamischen Daten bleibt dennoch bestehen.

4.15 Erwärmung durch Sonneneinstrahlung

Die Erwärmung von Behältern und Rohrleitungen durch Sonneneinstrahlung sollte nicht unterschätzt werden. Messungen an Rohr-
brückenleitungen der BASF Ludwigshafen ergaben:
Ca. 60°C für VA-Leitungen und
Ca. 80°C für leicht angerostete Stahlleitungen.

Die Wärmeleistung durch Sonneneinstrahlung kann entsprechenden Tabellen oder Diagrammen für den jeweiligen Breitengrad /
Längengrad entnommen werden. Bei Zweifeln hilft auch eine Nach-
frage beim offiziellen Wetterdienst.

Reduzierung des Wärmeeintrages durch entsprechenden Anstrich
ist zu berücksichtigen. Ein erster Anhaltspunkt hierfür ist z.B. im
VDI-Wärmeatlas zu finden. Reicht dies nicht aus, sind Messungen
durchzuführen. Allerdings sollte dann auch der Anstrich einer re-
gelmäßigen Prüfung unterzogen werden.

Die Formeln entsprechen dann denen für thermische Expansion
oder Verdampfung aber nur dann, wenn der Dampfdruck unterhalb
der Rohrleitungstemperatur bleibt. Ansonsten kann das Ganze
schnell komplex werden, je nachdem ob das Medium eingesperrt ist
oder in der Rohrleitung fließt.

Zur Druckabsicherung gegen thermische Expansion reicht oft das
kleinste verfügbare Sicherheitsventil, das dann meist immer noch
weit überdimensioniert ist sofern keine Entspannungsverdampfung
vorliegt. Bitte auch hier wieder Entspannungsverdampfung berücksichtigen.

4.16 Druckerhöhung durch Pumpen

Die Absicherung von unzulässiger Druckerhöhung durch Pumpen ist genauso vielfältig wie die Anzahl der verschiedenen Pumpentypen.

Allen gemein ist, dass der Enddruck auf der Druckseite aus Saugseitendruck + Druckerhöhungsvermögen der Pumpe besteht.

Wirklich? Nein!

Es gibt Pumpen, die als „Zwangsförderer" bezeichnet werden; z.B Zahnradpumpen, Kolbenpumpen. Unabhängig vom Vordruck bauen diese Pumpen mit Flüssigkeiten solange Druck auf bis irgendein Teil auf der Druckseite zerstört wird. Das kann auch das Pumpengehäuse selbst sein. Das Ganze stoppt erst dann, wenn der Dampfdruck der Flüssigkeit auf der Saugseite erreicht ist.

Dennoch ist jeder Zwangsförderer mit einer Reihe an Zusatzeinrichtungen versehen die den regulären Betrieb schützen oder seine Funktion anzeigen. So sind z.B. Zwangsförderer mit Überströmventilen ausgerüstet, die den Förderstrom auf die Saugseite zurückführen, wenn ein eingestellter Druck überschritten wird. Auch eine Temperaturmessung im Produktstrom ist Sinnvoll, um das Überschreiten des Dampfdruckes zu verhindern. Dumm nur, wenn man dies bei der Bestellung vergessen hat.

Der gängigste Typ einer Pumpe ist die Kreiselpumpe zur Förderung flüssiger Medien weshalb hier näher darauf eingegangen werden soll.

Beispiel
Eine Kreiselpumpe mit folgenden Daten:

Förderhöhe:	30 m
Fördervolumen:	35 m³/h
Medium:	Wasser (leicht kontaminiert)
Typ:	Standard-Chemiepumpe (des Preises wegen)
Dichte bei 25C:	ca. 1000 kg/m³
Druckauslegung:	4 bar$_g$ für das Gehäuse, PN10 für die Flansche

Daraus ergibt sich ein rechnerischer Förderdruck von 3 bar$_g$. Immer unter der Voraussetzung, dass aus Umgebungsdruck gefördert wird. Die Druckverluste aus der Rohrleitung seien bereits eingerechnet.

Anhand folgender Pumpenkennlinien schlägt der Hersteller eine Standardpumpe mit folgendem Laufrad vor, d=152mm (rotes Dreieck)

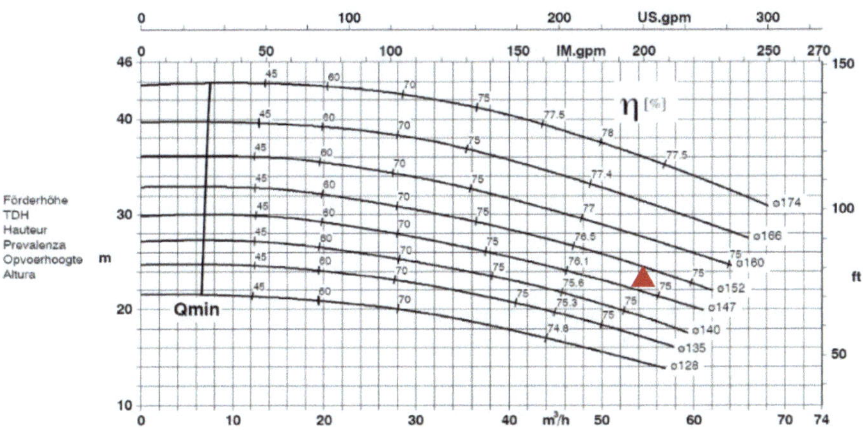

Die Förderhöhe stimmt.

Der wirkliche Förderstrom liegt bei 32 m³/h; ist tolerabel.

Der Wirkungsgrad beträgt 75%, was im Bereich des Üblichen liegt.

Also eine passende Pumpe?

Nein, den jetzt kommen die Tücken der Details.

Wie oben erwähnt besteht der Druck auf der Druckseite aus maximalem Saugdruck + Druckdifferenz der Pumpe selbst.

Dieses Diagramm bezieht sich auf eine Förderhöhe aus Umgebungsdruck.

Eine Kreiselpumpe kann diese Menge Wasser aus Umgebungsdruck nicht fördern ohne das Kavitation auftritt. Um diesen Zustand zu verhindern hätte der Vorlagebehälter im 1,5 m Höhe aufgestellt werden müssen. Der Einfachheit halber hat man den auf der 6m-Bühne aufgestellt. Bei vollgefülltem Behälter betrug der Saugdruck der Pumpe 0,8 bar$_g$.

Der Behälter selbst war mit 2 bar$_g$ abgesichert. Auf der Saugseite der Pumpe liegen also im Extremfall 2,8 bar$_g$ an, unter Berücksichtigung der Höhenverhältnisse. Daraus ergibt sich letztlich ein Druck auf der Druckseite der Pumpe von 5,8 bar$_g$.

Da die „Spezialisten" die Pumpe auf 4 bar$_g$ ausgelegt hatten bestand nun ein Problem.

Lösung: Ein Sicherheitsventil auf der Druckseite zurück in den Vorlagebehälter. Soweit so gut.

Aber welcher Massenstrom ist abzuführen und wie hoch muss der Einstelldruck des Sicherheitsventils sein?

Der Einstelldruck ist relativ einfach zu ermitteln.

Das Sicherheitsventil soll 0,5 m über dem Vorlagebehälter installiert werden, um das Medium dann in den Vorlagebehälter zurück zu führen, also 8,5m oder 0,85 bar über der Pumpe. Der Einstelldruck des Sicherheitsventils betrug damit 0,85 bar$_g$ (hier schon problematisch, da Sicherheitsventile, bei kleinen Drücken, riesig werden und die Nennweite der Pumpendruckleitung oft kleiner ist als die erforderliche Eintrittsnennweite des SV).

Problematisch wurde dann die Ermittlung des Massenstromes. Da keiner genau ermitteln konnte, wie groß der tatsächliche Massenstrom ist, hat man, ohne nähere Betrachtung, den maximalen Massenstrom der Pumpe angesetzt.

Fazit: da das Ganze letztlich nicht nachzuweisen war, hat man eine neue Pumpe mit passendem Druckgehäuse bestellt.

„Much done about nothing" (Shakespeare)

4.17 Pumpen-Rückströmung

Generell werden Pumpen zur Druckerhöhung genutzt. D.h. die Druckseite der Pumpe hat ein höheres Druckniveau als das der Saugseite.

Profan, aber nicht ohne Folgen.

Ist eine Pumpe konstruktiv so gestaltet, dass sie „rückwärts" laufen kann, ist dieses Phänomen für die Auslegung der Saugseite zu berücksichtigen.

Beispielszenario:

- Die Pumpe saugt Medium aus einem Vorlagebehälter.
- Der Behälter ist auf 6 bar ausgelegt.
- Die Pumpe erhöht den Druck auf 30 bar.
- Nach der Pumpe ist eine Rückschlagarmatur installiert, die per se nicht dicht ist.
- Die Pumpe versagt

Lösung:

a) Regeltechnisch

Die Druckdifferenz zwischen Saug- und Druckseite wird gemessen und durch Schnellschlussventil(e) gesichert.

SIL-Klassifizierung berücksichtigen!

Flüssigkeitsschläge berücksichtigen (Joukowsky)!

b) Mechanisch 1

Die Rückschlagarmatur ist einfach. Dann **muss** die komplette Saugleitung, bis zum Vorlagebehälter, in der Druckstufe der Druckleitung ausgelegt werden.

Der Vorlagebehälter muss mit einem Sicherheitsventil ausgestattet werden, welches den gesamten Rückstrom, gasförmig und/oder flüssig abführen kann.

c) Mechanisch 2

Die Druckseite der Pumpe ist mit zwei Rückschlagarmaturen in „Class A" abgesichert (zwei Rückschlagarmaturen unterschiedlicher Funktionsweise).

Dann erfolgt die Absicherung nach Fall b) mit dem Unterschied, dass der abzuführende Massenstrom des Vorlagebehälters auf ein 10-tel des Rückstromes begrenzt werden kann.

Die Auslegung der Saugleitung erfolgt nach Fall b).

Druckverluste, die sich aus der Rückströmung durch Rohrleitung und Rohrleitungsteilen, die dann den Rückstrom reduzieren würden, werden hierbei nicht berücksichtigt.

Ansonsten müsste ja die gesamte Rohrleitung, saug- und druckseitig, und deren Einbauten als Sicherheitsrelevant (Class A) eingestuft sein.

Inwieweit Rückströmung möglich ist hängt auch von Pumpentyp ab. Nicht alle Pumpen können, bauartbedingt, rückwärts drehen. Und wenn sie es können, ist auch mit einem Abriss der Pumpenwelle zu rechnen....

Und Achtung!

Bitte den Druckanstieg auf der Saugseite berücksichtigen. Ist die Druckstufe der Rohrleitungen für den erhöhten Druck aus Rückströmung ausgelegt???

4.18 „Liquid Displacement"

Dieses Phänomen sollte bei der Auswahl eines Sicherheitsventils berücksichtigt werden.

Sicherheitsventile sind häufig an erhöhter Stelle einer Anlage angebracht damit die Abblaseleitung sicher in die Fackelleitung geführt werden kann.

Beispiel:

Die Pumpe steht auf 0m. Das zugehörige Sicherheitsventil ist auf der 12m-Bühne angebracht. Wird die Pumpe jetzt durch z.B. Feuer belastet und kann das Medium verdampfen, laufen folgende Reaktionen im Sicherheitsventil ab:

- Zunächst dehnt sich das Medium aus (thermische Expansion)
- Dann entsteht Blasenbildung und die darüberstehende Flüssigkeit wird verdrängt (Liquid Displacement)
- Danach wird reiner Dampf durch das Sicherheitsventil abgeführt (Verdampfung)

Für all diese Fälle muss das Sicherheitsventil ausgelegt werden!

Inwieweit das „Liquid Deplacement" gerade während des Verlaufs der Verdampfung berücksichtigt werden kann, bedarf erweiterter Berechnungen des zeitlichen Verdampfungsverlaufs.

Ferner ist irgendwann 2-Phasenströmung durch das Sicherheitsventil zu berücksichtigen. In welcher Form diese 2 Phasen dann vorliegen (gleichmäßige Blasen, Kolbenströmung, etc.) muss ebenfalls geklärt sein. Ist sehr komplex und letztlich nicht vorhersagbar.

In diesem Fall ist es sicherlich besser, eine andere technische Lösung, z.B. in Form einer Gas-/Flüssigtrennung vor dem Sicherheitsventil vorzusehen. Das ist sicherlich teurer, aber auch sicherer, und es hat den Charme, dass es funktioniert.

5 Sicherheitsventile, Berstscheiben und Co.

Auswahl einer geeigneten Sicherheitseinrichtung.

Als Sicherheitseinrichtungen gegen Drucküberschreitung werden akzeptiert:

- Eigen- und fremdgesteuerte Sicherheitsventile
- Berstscheiben
- Unabhängig wirkende elektrische Einrichtungen

Alle Regelwerke betrachten diese Sicherungseinrichtungen als gleichwertig. D.h. welcher Sicherungstyp eingesetzt wird ist eigentlich egal.

Allerdings gibt es zu jedem Sicherungstyp Wartungs- und Prüfintervalle. Diese unterliegen häufig auch lokalen Vorschriften.

Für alle Sicherheitseinrichtungen gilt generell:

Der freie Querschnitt der Abblaseleitung der Sicherheitseinrichtung darf nicht geringer sein als der der Zuführungsleitung und darf sich in deren Verlauf nicht verengen.

Eine Erweiterung der Zuführungsleitung vor der Entlastungseinrichtung ist unzulässig.

6 Wirkungsweise von Sicherheitseinrichtungen

6.1 Sicherheitsventile

Die prinzipielle Aufgabe eines Sicherheitsventils ist:
Stoffe bei Erreichen / Überschreiten seines Ansprechdruckes freizugeben und ab einem festgelegten Druck unterhalb des Einstelldruckes (Schließdruck) wieder zu schließen.
Sinn des Ganzen ist, nur die Menge an Produkt zu entlassen, die unbedingt notwendig ist. Allerdings ist der minimale Ansprechdruck bauartbedingt begrenzt. Unterhalb von 1,0 bar_g ist die Notwendigkeit eines Einsatzes eines SV zu prüfen, da sie dann extrem groß werden.

Die gebräuchlichsten Arten sind
- federbelastete Sicherheitsventile,
- gewichtsbelastete Sicherheitsventile und
- pilotgesteuerte Sicherheitsventile

a) Federbelastete Sicherheitsventile

Prinzipiell ist die Wirkungsweise recht einfach. Eine Platte wird auf der einen Seite durch Mediendruck, auf der anderen Seite durch eine Feder belastet.
Kräfte:

$$F = p \cdot A \qquad \text{auf der Anströmseite und}$$
$$F = c \cdot x \qquad \text{auf der abströmenden Seite}$$

Gleichgewicht:

$$p \cdot A = c \cdot x$$

Dabei bedeuten:

p   der Druck auf das Sicherheitsventil
A   der Öffnungsquerschnitt des Sicherheitsventils
c   die Federkonstante
x   der Hub

Wie sich ein SV nun beim Abblasen verhält, hängt in erster Linie von der Form der Schließplatte, also des Hubkegels ab. Dessen Ausformung ist know how der SV-Hersteller und führt generell zu drei Klassifikationen von SV's:

- Vollhubventil
  Nach einer kleinen anfänglichen proportionalen Phase soll das Ventil spätestens nach 10% (üblich 5%) des Massenstromes schlagartig öffnen und den maximal möglichen Massenstrom entlassen.
- Normalventil
  Hierbei reagiert das SV zunächst als Proportionalventil. Ab einem gewissen Massenstrom (Hub) öffnet das Ventil nahezu schlagartig (Vollhubverhalten) auf seinen maximalen Hub.
- Proportionalventil
  Dieser Ventiltyp zeichnet sich dadurch aus, dass sich der abzublasende Massenstrom nahezu linear zum Hub verhält.

Hier die grundlegenden Funktionsweisen nach [10]. Sie sind heute ggfs. nicht mehr Stand der Regularien. Aber sie zeigen die prinzipielle Funktionsweise.

Proportional-Sicherheitsventile öffnen in Abhängigkeit vom Druckanstieg nahezu stetig. Hierbei tritt ein plötzliches Öffnen ohne Drucksteigerung über einen Bereich von mehr als 10 % des Hubes nicht auf. Diese Sicherheitsventile erreichen nach dem Ansprechen innerhalb eines Druckanstieges von max. 10 % den für den abzuführenden Massenstrom erforderlichen Hub.

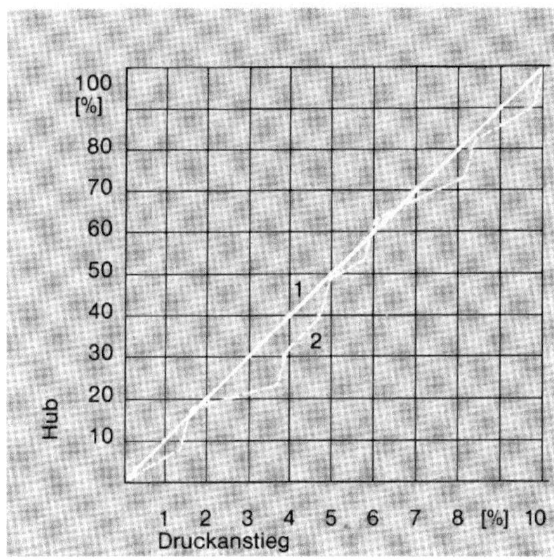

Nach [10]

– Normal-Sicherheitsventile

Diese Sicherheitsventile erreichen nach
dem Ansprechen innerhalb eines Druckanstieges von maximal 10 % den für den
abzuführenden Massenstrom erforderlichen
Hub.
An die Öffnungscharakteristik werden keine
weiteren Anforderungen gestellt.

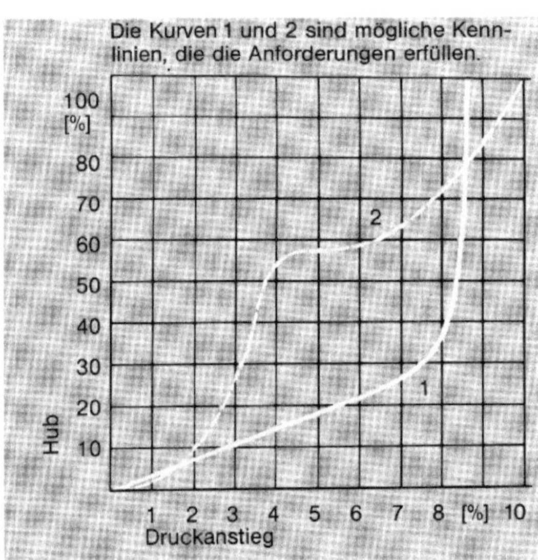

Nach [10]

– Vollhub-Sicherheitsventile

Vollhub-Sicherheitsventile öffnen nach dem Ansprechen innerhalb von 5% Drucksteigerung schlagartig bis zum konstruktiv begrenzten Hub.
Der Anteil des Hubes bis zum schlagartigen Öffnen (Proportionalbereich) darf nicht mehr als 20% des Gesamthubes betragen.

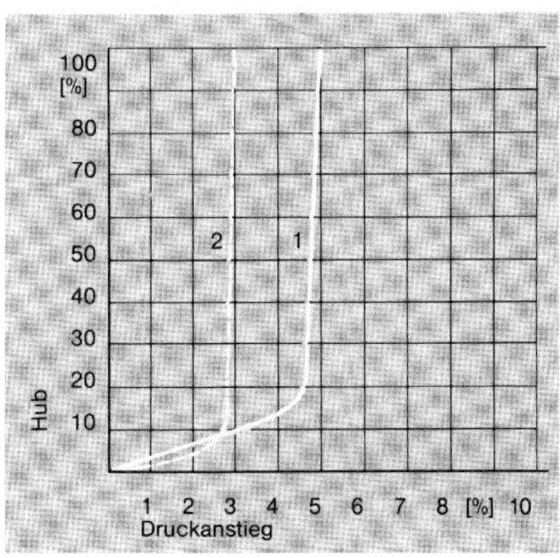

Nach [10]

Jetzt der komplette Aufbau eines SV's nach [10]

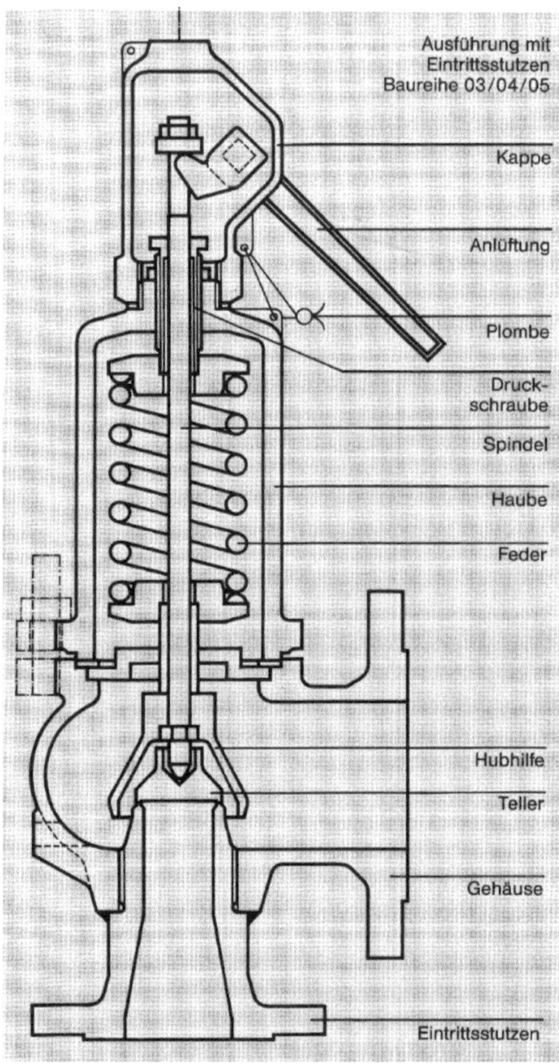

In dieser Schrift wird der Hubkegel als Hubhilfe bezeichnet. Die eigentliche Dichtigkeit des Ventils übernimmt der Teller, angetrieben durch die Ventilfeder. Die Ausformung des Hubkegels sorgt nun dafür, dass:

1. der Teller auf dem ausströmenden Medium stabil „schwimmt", und
2. das Verhalten des Ventils zu einem bestimmten Ventiltyp führt.

b) Gewichtsbelastete Sicherheitsventile

Deren Funktionsweise ist prinzipiell ähnlich denen der federbelasteten. Der Unterschied besteht darin, dass anstatt einer Feder ein Gewicht über einen Hebelmechanismus von außen auf die Stößelstange wirkt.

Allerdings werden diese heute kaum noch eingesetzt. Ausnahme mag die Absicherung von Lagerbehältern sein.

Allerdings zeichnen sich diese Ventile durch hohe Wartungsintensität aus. Die außenliegenden beweglichen Teile bedürfen einer permanenten Pflege um erhöhte Reibung und damit einen erhöhten Ansprechdruck zu verhindern. Ein weiteres Manko ist die Dichtigkeit nach außen. Die Stößel Stange ist durch das Gehäuse geführt und benötigt eine Abdichtung nach außen, was wiederum den Reibungswiderstand der ganzen Konstruktion erhöht.

Fazit:

Das Problem eines gesicherten Öffnungsdruckes hängt extrem vom funktionsfähigen Zustand der beweglichen Teile ab. Außerdem scheint es schwierig die Reibwerte der beweglichen Teile von vornherein in die Berechnung des Öffnungsdruckes einzubeziehen. Erschwert wird das Ganze da die beweglichen Teile außen liegen und Temperatur und Witterung ausgesetzt sind.

c) Pilotgesteuerte Sicherheitsventile

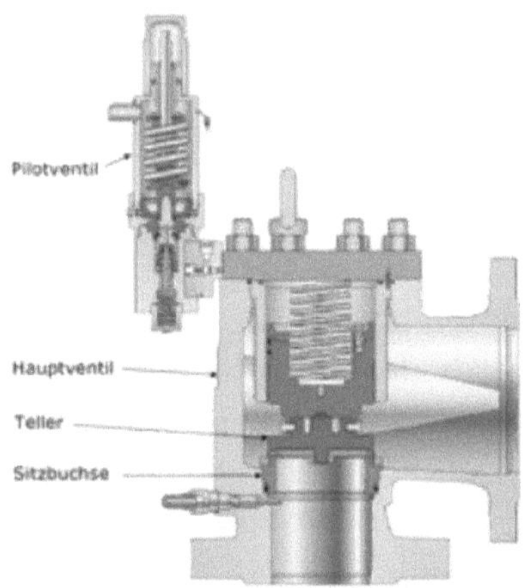

Die Funktionsweise ist recht einfach. Der Druck vor dem SV wird
über das Pilotventil (federbelastetes Dreiwegeventil) in den dichten
Raum über den Ventilteller geführt. Die Fläche über dem Ventilteller
ist größer als die unterhalb des Ventiltellers. Dadurch bleibt das SV
zunächst dicht. Wird jetzt der Einstelldruck erreicht, entlässt das Pilotventil das Medium oberhalb des Ventiltellers. Der Gegendruck
oberhalb des Ventiltellers entweicht, und das SV öffnet. Je nach Ausführung des Pilotventils kann dabei Vollhub oder proportionales
Verhalten erzeugt werden.
Sinkt der Druck unter einen Wert x, schaltet das Pilotventil um und
das Medium wird wieder in den Raum oberhalb des Ventiltellers
geleitet -> das SV schließt.

An sich eine wundervolle Idee. Das Problem liegt aber im Medium
selbst. Es muss sehr rein sein, um die Funktion des Pilotventils nicht
zu beeinflussen. Die bedeutet, dass es nicht überall einzusetzen ist.

6.1.1 Ventiltypen

a) Vollhubventile:
Vollhubventile sind heute die meist eingesetzten Ventile. Sie verfügen über eine hohe Ausflussziffer, haben dadurch einen hohen Massendurchsatz und erlauben eine kleine und kostengünstige Bauweise. Ein weiterer Vorteil ist deren schnelle Öffnung auf den vollen Hub und die definierte Schließdruckdifferenz (sofern der Hersteller seine Hausaufgaben erledigt hat).
Natürlich hat dieser Ventiltyp auch Nachteile. Am sichersten arbeiten Vollhubventile im Bereich zwischen ca. 60% und 100% ihrer berechneten Auslastung.
Unterhalb von ca. 60% ist zu prüfen, ob sich die Ausflussziffer ändert (wird meist vergessen). Entsprechende Daten sind beim Hersteller verfügbar.

b) Proportionalventile:
Sie sind als Sicherheitsventil eigentlich die „eierlegende Wollmilchsau".
Aber: deren geringe Ausflussziffer führt zu großen und teuren Ventilen. Eine weitere Krux ist deren Empfindlichkeit schon bei geringsten Gegendrücken (gemessen wurden bis 2%). Die von vielen Herstellern angegebenen 10-15% funktionieren wohl nur bei voller Auslastung. Im Teillastbereich ist das dann wohl illusorisch. Abhilfe schafft der Einbau eines Faltenbalgs, was das Ventil noch teurer macht. Auch dann sollte die Schließdruckdifferenz geprüft werden.

c) Normalventile
Sie vereinigen alle Vor- und Nachteile von Vollhub- und Proportionalventil.
Obwohl man sie, hauptsächlich in Chemieanlagen, noch häufig findet, werden sie heute nur noch selten eingesetzt. In Anlagen der Petrochemie findet man sie kaum und wenn, nur in untergeordneten Nebenanlagen.

6.1.2 Öffnungs-/Schließdruckdifferenzen

Definitionen:

a) Öffnungsdruckdifferenz ist die Druckdifferenz, die sich aus Einstellungsdruck und dem tatsächlichen Druck des Öffnens der Sicherungseinrichtung ergibt.

b) Die Schließdruckdifferenz beschreibt den Unterschied zwischen dem Einstelldruck und dem Druck, ab dem das Sicherheitsventil zu schließen beginnt.

Alle Drücke werden in $bar_{ü}$ angegeben.

Öffnungs- und Schließdruckdifferenzen werden in % zum Einstelldruck angegeben.

Öffnungsdruck:

Der Öffnungsdruck hat nur bedingt etwas mit dem Einstelldruck zu tun. D.h. mit Erreichen des Einstelldruckes öffnet das Ventil zwischen x und 10% über dem Einstelldruck. Der Maximalwert ist in allen Regularien EN / API auf 10% begrenzt.

Dummerweise wird oft vergessen, dass Fertigungstoleranzen existieren. Komisch, denn überall ist diese in der Technik wohlfeil und durch Regularien definiert. Bei Sicherheitsventilen fehlt das. Schlimmer ist, dass in jeglicher Literatur darüber geredet wird aber nirgends eine Definition darüber zu finden ist. Einen Minimalwert für die Öffnungsdruckdifferenz findet man in den Regularien vergebens.

Durch Messungen wurde festgestellt, dass bei Sicherheitsventilen eine Öffnungsdifferenz von bis zu 28% vorhanden ist.......

Schließdruck:

Der Schließdruck ist der Druck, ab dem das SV schließt. Allerdings ist das etwas knifflig. Dem sinkenden Druck am Ventileingang hilft der Gegendruck am Ventilausgang. Da der Gegendruck am Ventilausgang mit fallenden Massenstrom sinkt, ist eine genaue Berechnung des Schließdrucks schwierig. Nach EN ist, je nach Ventiltyp,

Medienphase und dem Einsatz eines Faltenbalges eine Schließdruckdifferenz vorgegeben.
Und wiederum: wer nicht über eigene SV-Prüfstände verfügt, ist auf die Angaben der Hersteller angewiesen.

6.1.3 α und α_w und Sicherheiten....

Eines der skurrilsten Kapitel der Sicherheitsventilberechnung.

Ist aber ebenso bei Planern, Betreibern, Spezialisten und letztlich den Sicherheitsbehörden äußerst beliebt.

α bezeichnet die tatsächliche Ausflussziffer eines Sicherheitsventils.

Für die Bauteilprüfung wird ein SV mit dessen α-Wert geprüft. Dann werden 10% Sicherheitsmarge abgezogen. Daraus wird dann α_w, die zuerkannte Ausflussziffer.

Achtung: In der DIN EN 4126 wird α mit K_d und α_w mit K_{dr} angegeben. Auch die Berechnung der zuerkannten Ausflussziffer K_{dr} wird in der DIN EN 4126 anders geführt als in der Vornorm AD2000.

DIN EN 4126 $\qquad$ $K_{dr} = K_d * 0{,}9$

AD2000 A2 $\qquad$ $\alpha_w = \alpha / 1{,}1$

Daraus ergeben sich geringfügig unterschiedliche Werte für die zuerkannte Ausflussziffer, die sich aber erst bei höheren Ausflussziffern in der 2. Stelle nach dem Komma bemerkbar machen; also vernachlässigbar, aber in der Dokumentation zu berücksichtigen.

Lassen Sie uns daher bei α_w als zuerkannte Ausflussziffer bleiben.

Für die Berechnung wird dann der α_w-Wert verwendet; $\alpha_w = \alpha / 1{,}1$ also die um 10% verminderte tatsächliche Ausflussziffer. Damit sollen dann auch Fertigungstoleranzen abgedeckt werden. Im Gegensatz zum Rest der Technik sind bei Sicherheitsventilen Fertigungstoleranzen leider nicht definiert; geschweige denn durch Regularien festgelegt.

Dumm ist nur, dass Fertigungstoleranzen auch zu wesentlich höheren α-Werten führen können.

Natürlich könnte man jetzt auf den Gedanken kommen, dass das SV vom Eintrittsflansch zum Sitzdurchmesser eine Reduzierung erfährt. Dann, dass das Volumen des SV im Niederdruckteil zum Austrittsflansch ja eigentlich eine Erweiterung darstellt.

Aber bitte keine Angst. All das ist mit Ermittlung der Ausflussziffer und mit der Bauteilprüfung abgefangen.

Jetzt kommt unglücklicherweise ein weiterer Zustand hinzu.

Die meisten Unternehmen haben ihre Abteilungen zur Berechnung von Sicherheitseinrichtungen „outgesourced" und die eigenen Abteilungen geschlossen. Damit ist leider auch das Wissen dieser Unternehmen als Kontrollinstanz verloren gegangen. Sollte dennoch ein Mitarbeiter übriggeblieben sein, ist der zwangsläufig mit der Kontrolle hoffnungslos überlastet.

Das Zulieferunternehmen für die Berechnung von SV's fügt nun, aus eigenem, berechtigtem Sicherheitsinteresse, weitere Sicherheiten ein. Ein Grund hierfür mag, neben dem unzureichenden Wissen mangels Ausbildung, auch die Tatsache sein, dass vielleicht, aus Patentgründen, nicht alle technischen Daten des Auftraggebers weitergegeben werden. Der SV-Berechner hat dann, vielleicht auch aus Mangel an Mut oder aus Kostengründen seines Arbeitgebers, kein Interesse, fehlende Informationen weiter zu hinterfragen.

Heraus kommt:

„Die Sicherheit von der Sicherheit, von der Sicherheit, von der .... usw."

Im Allgemeinen werden dann SV's dann zu groß ausgelegt, was dann zum Flattern derselben führt. Hatten wir das nicht schon?

Erstaunlich ist, dass selbst die „benannte Stelle" als letzte Kontrollinstanz, spätestens bei der Abnahme vor Inbetriebnahme, entweder über keine oder nur unzureichend ausgebildete Mitarbeiter verfügt, um die dann möglichen Katastrophen zu verhindern.

Frage: wer hat denn dann noch hinreichendes Wissen?

Oder frei nach Limpert:

„Unverantwortlich ist, wenn der Sachverständige keinen Sachverstand und der Verantwortliche keine Verantwortung hat".

(Hat was!! der Autor)

6.1.4 Die notwendige Verringerung von α_w

Manchmal kann es vorkommen, dass kein SV passt. Die angebotenen Sitzdurchmesser sind einfach zu groß. Was jetzt bleibt ist die Ausflussziffer durch eine Hubbegrenzung soweit zu verringern, damit das Ganze wieder passt. Einige Hersteller bieten dazu Diagramme an, die die Ausflussziffer als Funktion des Hubes darstellen.

Ein Beispiel aus [10]

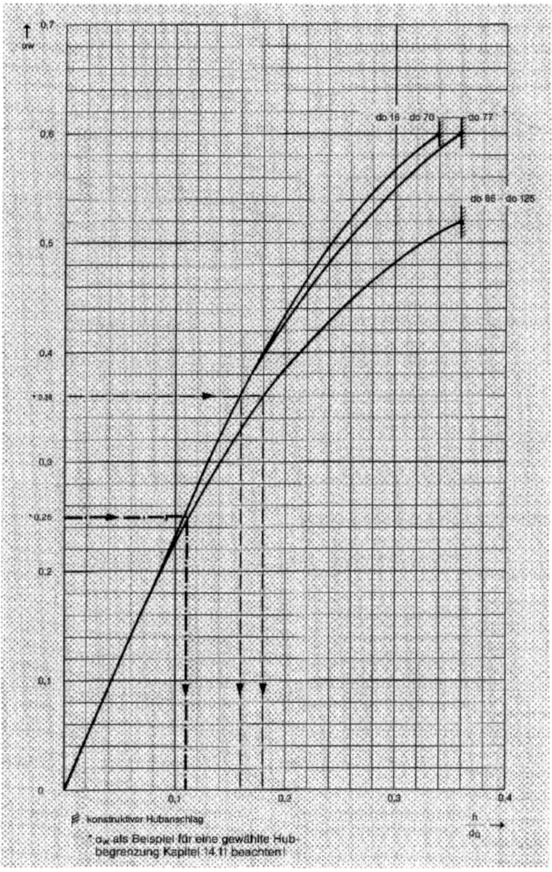

Eine dringende Bitte an den Berechner:

Den neuen Hub bitte nicht so festlegen, dass die Ausnutzung des SV den idealen Fall erreicht. Heraus kommen häufig Hubeinstellung im Hundertstel eines Millimeters. Das ist absoluter Unsinn, da SV's auch gewartet werden müssen. Aufgrund der Ausnutzungsbandbreite der SV's langt Schieblehrengenauigkeit, also 0,5 oder besser 1mm.

Zu beachten ist allerdings, dass nicht alle SV-Hersteller über diese Möglichkeit verfügen. Auch nicht alle Regularien sehen solche „Manipulationen" vor, z.B. API.

Auch der minimale Hub, der nicht unterschritten werden darf, ist lediglich in der AD2000-A2 mit 1mm angegeben. In der DIN EN ISO 4126 ist der minimale Hub ebenfalls mit 1mm oder mind. 30% des Gesamthubes angegeben. Der jeweils größere Wert ist maßgebend.

6.1.5 Zulaufdruckverlust

In allen gängigen Regularien (API, EN 4126, AD2000) ist der Druckverlust der Zuleitung zum Sicherheitsventil auf 3% des Einstelldrucks begrenzt. Wofür dieser Wert gedacht ist und warum er auf 3% begrenzt ist, konnte bisher nicht nachvollzogen werden. Er steht halt in allen Regularien und muss daher berücksichtigt werden.

Dies führt dann oft zu seltsam anmutenden Verrohrungen die häufig in Raffinerien angetroffen werden.

Die Zuführungsleitung zum SV eines Behälters auf 0m ist in DN200 angeschlossen. Vor dem SV auf der 18m-Bühne wird die Leitung auf DN25 reduziert, das SV hat dann die Größe 25/40, und ist ausreichend für den geforderten Abblasestrom. Die Abblaseleitung wird dann mit einer Erweiterung auf DN50 in die Fackelleitung geführt. Die Konstruktion der Zuführungsleitung begründet sich allein auf der Einhaltung des Zulaufdruckverlustes von 3%.

6.1.6 Flattern von Sicherheitsventilen

Eigentlich gibt es nur eine Möglichkeit, die bei einem Sicherheitsventil zum Flattern führt.

Das Ventil ist für den Massenstrom zu groß ausgelegt.

Die Gründe hierfür sind vielfältig:
a) Es wurden bei der Berechnung zu viele und unnötige Sicherheiten eingebaut (s.o.).
b) Gerade in Raffinerien wird häufig ein SV für verschiedene Ansprechszenarien verwendet. Das SV wird dabei auf den größtmöglichen Massenstrom ausgelegt. Die anderen Szenarien erzeugen dann geringere Massenströme für die das Ventil zu groß ausgelegt ist.
c) Eine falsch aufgebaute Druckabsicherung bei der Verwendung von Druckminderungen in Leitungssystemen, was wiederum zu einem zu groß ausgelegten Ventil führt. Aber hierzu später mehr.

Die Wahrscheinlichkeit, dass beim Flattern des Ventils Sitz und/oder Kegel zerstört wird, ist relativ gering. Die häufigsten Folgen sind das Lösen der Flanschverschraubung oder der Riss der Schweißnaht am Gegenflansch des Ventileintritts. Auch der Abriss der Abblaseleitung wurde schon dokumentiert.

Sind brennbare oder toxische Medien im Spiel, führt die jetzt unkontrollierte Entspannung ins Freie zur Katastrophe.

Sicher zur Katastrophe führt, wenn Schäden aufgrund von Flattern innerhalb des Gebäudes auftreten.

Aber was sind nun die Bedingungen, ab dem ein Flattern von SV's entsteht?

Ausschlaggebend ist die Öffnungs- und Schließdruckdifferenz.

Konstruiert man nun ein Ventil mit je **einem Prozent** Öffnungs- und Schließdruckdifferenz wird das Ventil mit Sicherheit flattern.

Aber im Detail:
- Unterhalb der Öffnungsdruckdifferenz passiert wenig, das Ventil öffnet nicht voll. Es ist Undichtigkeit vorhanden und das Ventil klappert nur ganz leicht.
- Oberhalb der Schließdruckdifferenz passiert nichts. Immer vorausgesetzt der Massenstrom bleibt während des Abblasens konstant und der Ventilhersteller hat seine Hausaufgaben gemacht.

Ab jetzt kommt mal wieder die Tücke des Objekts.

Die Tücke betrifft dabei nicht das SV selbst sondern dessen Umgebung, die oft nicht hinreichend betrachtet wird.

Kennt der geneigte Leser den Namen „Joukowsky"? Der hat die rechnerischen Beziehungen der auftretenden Kräfte bei Druckstößen beschrieben.

Wer nun glaubt, dass der Druckstoß bei einem Sicherheitsventil nur einmal und nur während des Öffnens geschieht, irrt.
Behälter:
- Ist das Ventil zu groß ausgelegt, wird die Öffnungsdruckdifferenz überschritten. Das Ventil öffnet und entlässt eine große Menge an Medium. Die entlassene Menge ist dabei wesentlich größer als der „Fehler" an Medium nachliefern kann. Der Druck sinkt und das SV schließt, wenn der Druck unterhalb der Schließdruckdifferenz liegt. Danach beginnt dieser Vorgang von vorn und das Ventil schwingt -> Flattern.

Absicherung von Druckminderungen in Rohrleitungssystemen:
- Bei der Absicherung von Rohrleitungssystemen besteht das Problem, dass kein hinreichendes Volumen zur Verfügung steht, um das SV „zu füttern".
Jetzt passiert folgendes. Das Ventil öffnet aufgrund des Überdruckes. Da richtig ausgelegt, wird der geforderte Massenstrom entlassen. Allerdings liefert die „Störstelle", z.B. ein hängengebliebener Druckminderer, nicht genug Volumen nach. Das SV „saugt" also die Leitung leer. Der Druck unterschreitet die Schließdruckdifferenz und das SV schließt. Da der Fehler

weiterhin besteht steigt der Druck wieder an, das SV öffnet und das Ganze beginnt von vorn. -> Flattern.

Gerade bei der Absicherung von Rohrleitungssystemen hat man versucht diesen schwingungsträchtigen Zustand durch die Berechnung mittels Joukowsky in den Griff zu bekommen. Das funktioniert leider nicht richtig. Denn in welchem Zustand der Öffnung ein Druckminderer versagt lässt sich nicht vorherbestimmen. Der reicht vom Versagen kurz nach Öffnen bis zum Abriss des Kegels, also von größer 0 – 100 %.

Generell ist das Prinzip für beide Fälle gleich. Der Unterschied besteht in der Frequenz des Flatterns, die bei Rohrleitungsabsicherungen im Allgemeinen höher liegt.

Die Größe des Schadens und die Geschwindigkeit des Schadensauftritts für das SV und dessen Umgebung hängt letztlich von 2 Faktoren ab:
a) der Frequenz des Flatterns und
b) der Aufschlagenergie zwischen Ventilkolben und Sitz, die durch den Ansprechdruck gekennzeichnet ist.

6.1.7 Sicherung gegen SV-Flattern

Die einzige Möglichkeit, das Flattern eines SV zu verhindern, ist:

Richtig auslegen!

Aber auch hier ist wieder eine differenzierte Betrachtung erforderlich.

Ziel ist:
- Flattern ganz zu verhindern oder
- zumindest die Aufschlagenergie des SV beim Flattern soweit zu reduzieren, dass kein Schaden entsteht (fast illusorisch).

Die erste Maßnahme ist der Einbau eines Faltenbalges. Der verhindert nicht das Flattern selbst, reduziert aber u.U. die Frequenz des Flatterns durch Erhöhung der Schließdruckdifferenz.

Die zweite und wichtigste Maßnahme ist der Einbau einer Reibbremse in das SV. Reibbremsen sind so gestaltet, dass sie das Öffnungsverhalten des SV kaum ändern aber dafür sorgen, dass der Schließvorgang gebremst wird. Auch das verhindert nicht unbedingt das Flattern, sorgt aber dafür, dass die Aufschlagenergie beim Schließen auf ein Minimum begrenzt wird. Im Idealfall führen diese Maßnahmen zu einem „Atmen" des Ventils.

Auch hier wieder, nicht alle SV-Hersteller können das. Auch in der API (bis 2014) ist das nicht vorgesehen.

Eine weitere Möglichkeit besteht darin, mehrere Sicherheitsventile, angepasst an die jeweiligen Szenarien (-Gruppen), zu installieren. Diese müssen dann in ihren Ansprechdrücken gestaffelt werden um die sichere Funktion jedes Sicherheitsventils für den jeweiligen Massenstrom zu gewährleisten. Dabei ist die Druckdifferenz des ersten Ventils bis zu dessen vollen Öffnen zu berücksichtigen ab der das nächste öffnen darf.

Beispiel:

1. Ventil: Ansprechdruck 40 bar$_g$
2. Ventil: Ansprechdruck 45 bar$_g$ aus: 40 bar$_g$ + 10% des ersten Ventils plus Sicherheitsmarge von 1 bar.
3. Ventil: Ansprechdruck 51 bar$_g$ aus: 45 bar$_g$ + 10% des 2. Ventils plus Sicherheitsmarge von 1 bar.

Der Nachteil: Der Auslegungsdruck des Apparates steigt von 40 auf 51 bar$_g$ (also um ca. 25%) was natürlich auch zur Erhöhung der Apparatekosten führt.

Diese Maßnahme wird aus Kostengründen häufig gescheut.
Inwieweit es sinnvoll ist, das Problem auf später (also den Betrieb) zu verlagern bzw. die Hoffnung zu hegen „es wird nie ansprechen" sei dahingestellt.

6.2   Berstscheiben

Eine Berstscheibe ist zunächst eine zwischen Flansche eingebaute flache Scheibe, die ab einem vorgewählten Druck reißt und den Überdruck entlässt. Die Berstscheibe bleibt nach dem Bersten offen, sodass der gesamte Überdruck auf Dauer entlassen wird. Der Vorteil des Sicherheitsventils, das bei Unterschreitung des Schließdrucks wieder schließt, besteht nicht.

Die Toleranz des Berstdruckes liegt heute bei +/- 5% des Ansprechdrucks (früher +/- 20%), also heute im Bereich von Sicherheitsventilen.

Vorteile:
- Geringe Kosten
- Berstdrücke von $0{,}3bar_g$ und kleiner sind möglich
- Beliebige Einbaulage, sofern der entlassene Massenstrom problemlos abfließen kann
- Große Ausflussziffer
- Berstscheiben sind auch gegen Unterdruck einsetzbar
- Große Werkstoffvielfalt (auch Graphit)
- Es gibt sicherlich mehr

Nachteile:
- Nur einmal verwendbar, muss nach dem Bersten ausgetauscht werden
- Kann nicht einzeln bestellt werden, immer nur chargenweise
- Bersten kann nicht ohne weiteres festgestellt werden, Bruchüberwachung erforderlich
- Auch hier gibt's sicherlich mehr

6.2.1 Strömung

Die Wahrscheinlichkeit, dass im Querschnitt einer Berstscheibe überkritische Strömung herrscht ist relativ gering. Auch deshalb, da die Ausflussziffer einer Berstscheibe nahezu 1 ist. Dennoch sollte das erstmal geprüft werden.

Die Berechnungen zur Auslegung einer Berstscheibe sind, zumindest im europäischen Regelwerk, in AD2000-A1 und heute in der EN4126 zu finden.

Die Druckverluste der Zuführungs- und Abblaseleitung sind analog denen von Sicherheitsventilen zu berechnen.

6.2.2 Bauformen, Anwendung

Gängig sind glatte und gewölbte Berstscheiben. Die Möglichkeit der Formgebung hängt auch vom Material ab. Berstscheiben aus Graphit sind plan. Metallische Berstscheiben können sowohl plan als auch gewölbt sein.

Damit eine Berstscheibe kontrolliert bricht, wird deren Oberfläche „eingeritzt", um an gezielten Stellen zu reißen und den Querschnitt möglichst vollständig freizugeben.

Berstscheiben werden in Berstscheibenhalter eingebaut, um sie zu zentrieren und das gezielte Brechen zu ermöglichen. Das einfache Einklemmen zwischen Flanschen verbietet sich damit eigentlich, auch wenn solche Berstscheiben heute noch angeboten werden.

Berstscheiben werden gegen Über- und Unterdruck eingesetzt.

Plane Berstscheiben genügen der einfachen Bruchmechanik der Statik. Bei gewölbten Berstscheiben wird zusätzlich die Erhöhung der Festigkeit durch Wölbung genutzt.

Beispiel: Ein rohes Ei an den gewölbten Enden mit zwei Fingern zu zerdrücken ist wesentlich schwieriger als an dessen flachen Seiten. In der Technik und im Bau wird der gleiche Effekt genutzt.

Soll eine Berstscheibe definitiv nur in einer Richtung bersten, werden Über- / Unterdruckstützen angebracht, die das Bersten in der jeweilig anderen Richtung verhindern. Stützen werden heute meist als Stege ausgeführt, an die sich die Berstscheibe bei Gegendruck anlegt. Solche Stege verringern allerdings den freien Querschnitt der Strömung, was eine Verringerung der Ausflussziffer zur Folge hat.

6.2.3 Elastizitätsmodul

Gerade bei metallischen Berstscheiben ändert sich der Berstdruck mit der Temperatur. Verantwortlich hierfür ist letztlich der E-Modul des Materials der Berstscheibe.

E-Modul in Abhängigkeit von der Temperatur einiger Materialien nach ASME B31.1 als Beispiel:

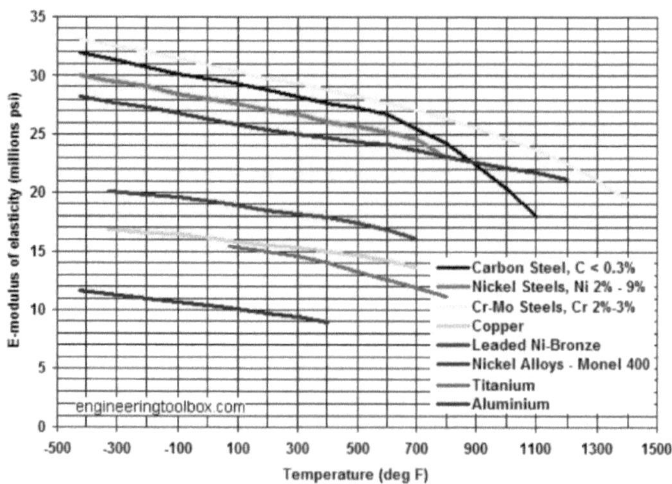

Die Umrechnung psi in N/m² und °F in °C sei dem geneigten Leser überlassen.

Dennoch ist daraus zu erkennen, dass der E-Modul nahezu linear mit der Temperatur, bis zu einer Grenztemperatur, fällt.

Das bedeutet natürlich auch, dass eine Berstscheibe während des Anfahrens der Anlage, also im nahezu kalten Betrieb, einen höheren Berstdruck hat, als bei höherer Temperatur im normalen Betrieb.

Bei Umkehrberstscheiben spielt die Änderung des E-Moduls eine geringere Rolle. Grund für das Bersten ist hier das Stabilitätsversagen der Berstscheibe. Allerdings haben Umkehrberstscheiben auch einen Nachteil. Bei langsamem Druckanstieg kann es passieren, dass die Berstscheibe „umklappt" ohne zu bersten; der eigentliche Berstdruck ist dann niedriger als erwartet.

Besonders tragisch ist folgende Situation:
Eine Umkehrberstscheibe, Wölbung in Abblaserichtung, um auch geringe Unterdrücke im Behälter zu beherrschen, klappt durch langsamen ansteigenden Unterdruck im Behälter um ohne zu reißen. Damit ist der Berstdruck der Berstscheibe nun höher als zur Absicherung des Behälters ausgelegt.

Wie solche Szenarien erkannt werden können, führt sicherlich zu längeren Diskussionen.

6.3 Sicherheitsventile und Berstscheiben in Kombination

Eine häufig geübte Praxis ist, Berstscheibe und Sicherheitsventil in Kombination einzusetzen. Dabei wird die Berstscheibe vor dem Sicherheitsventil platziert um z.B. das SV vor dem dauerhaften Angriff korrosiver Medien zu schützen.

Bei dieser Konstellation sind allerdings einige Dinge zu beachten:
Die Berstscheibe muss so gestaltet werden, dass keine Teile während des Berstens der Berstscheibe die Funktion des SV beeinträchtigen. Ferner muss der Raum zwischen Berstscheibe und Sicherheitsventil überwacht werden.

Denn:

- Niemand bekommt mit, wenn die Berstscheibe, aus welchem Gründe auch immer, reißt, auch wenn das SV dann noch nicht anspricht. Daher werden Berstscheiben mit elektrischer Bruchüberwachung eigesetzt. Die Bruchüberwachung besteht aus einer über der BS geklebten Draht, der beim Bruch der BS reißt und ein Alarmsignal an die Messwarte sendet.
- Im Raum zwischen BS und SV kann sich, aus vielerlei Gründen, ein Druck aufbauen. Der führt dann dazu, dass die BS einen Gegendruck auf ihrer „Rückseite" erfährt und dadurch erst bei höheren Drücken birst. Damit wird der Auslegungsdruck des abzusichernden Behälters mit Sicherheit überschritten!

Lösung:

Der Zwischenraum zwischen BS und SV muss drucküberwacht werden, mit zugehöriger Alarmierung.

Sinnvoll ist auch eine lokale Anzeige des Druckes im Zwischenraum mit der Möglichkeit der Entlüftung. U.A. auch deshalb, weil elektrische Systeme versagen können.

6.4   Zuführungs- / Abblaseleitung

Leider muss es immer wieder erwähnt werden:

a)   Erweiterungen in der Zuführungsleitung sind verboten
b)   Verengungen in der Abblaseleitung sind verboten

Gerade in letzter Zeit tauchen bei der Absicherung von Rohrleitungssystemen wieder Konstruktionen auf, die bereits vor 20 Jahren als unzureichend erkannt wurden.

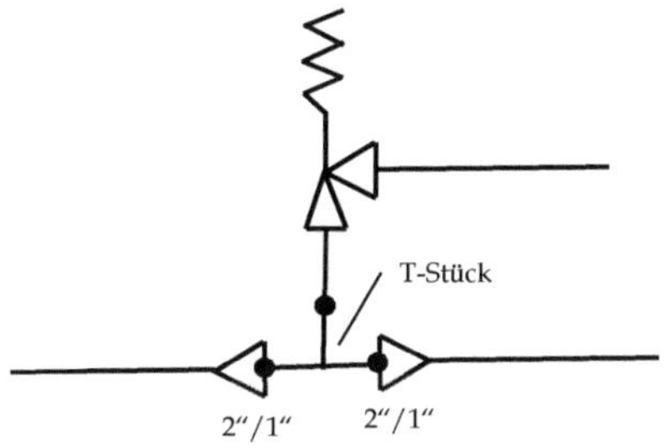

Zunächst ist diese Konstruktion regelkonform. Die Zuführungsleitung, ab Abzweig, ist ohne Erweiterung. Die Abblaseleitung hat keine Verengung.
Die 2"-Leitung zum SV wurde gewählt, um das 3%-Kriterium einzuhalten.

Dumm nur, dass diese Konstruktion definitiv zum Flattern des SV führt.
Siehe auch Abschnitte „Flattern von Sicherheitsventilen" und „Ab wo beginnt die Zulaufleitung".

7 Ab wo beginnt die Zulaufleitung?

Auch dieses Thema treibt oft seltsame Blüten.

Bei Behältern sollte der Startpunkt der Zulaufleitung relativ eindeutig sein, nämlich am Behälter selbst. Doch genau an diesem Punkt scheiden sich häufig die Geister.

a) Welche Durchmesserdifferenz wird benötigt um den Einfluss des Zustromvolumens zu vernachlässigen und
b) welchen Einfluss hat die Ausbildung des Einlaufs auf den zulässigen Druckverlust von 3% der Zulaufleitung

Zu a)
Ein Durchmesserverhältnis vom größer 3:1 zwischen Behälterdurchmesser und Zulaufleitung sollte ausreichen, sofern das Behältervolumen bezogen auf den abzuführenden Massenstrom hinreichend groß ist. Für letzteres gibt es leider keine Vorgaben. Hier ist die Erfahrung des Planers gefragt.

Zu b)
An dieser Stelle wird am häufigsten „optimiert". Die Einlaufdruckverluste in eine Rohrleitung sind in der Literatur hinreichend dokumentiert. Der größte Diskussionsbedarf entsteht aber dann, wenn der Zulaufdruckverlust nahe der 3%-Grenze liegt. Da wird dann schnell mal ein scharfkantiger Einlauf mit entsprechendem Zeta-Wert zur strömungsgünstigeren Aushalsung......
Das ist einfach nur unseriös.
Bei aller Liebe zu den vielleicht nötigen Kostenbegrenzungen der Auftraggeber, die Akzeptanz solcher Einschätzungen ist nicht nur fahrlässig!

Bei der Absicherung von Rohrleitungssystemen sieht die Sache etwas anders aus. Der Beginn zur Berechnung der Zulaufleitung hängt stark von der Ausbildung des Rohrleitungssystems aus.
Generell beginnt auch hier die Zuleitung zum SV mit dem Abzweig von der Hauptleitung.

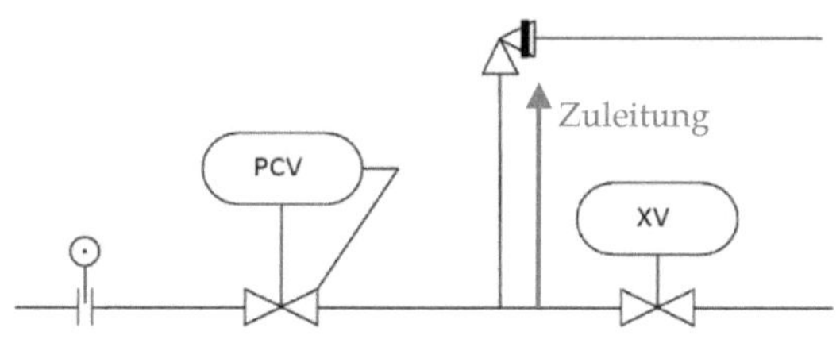

Das entspricht den Regularien.
In der Praxis und nach dem Stand der Technik macht das allerdings wenig Sinn.

Bei gleichen Nennweiten von Hauptleitung und Zuleitung ist es sinnvoller, den Beginn der Zuleitung ab dem PCV zu definieren.

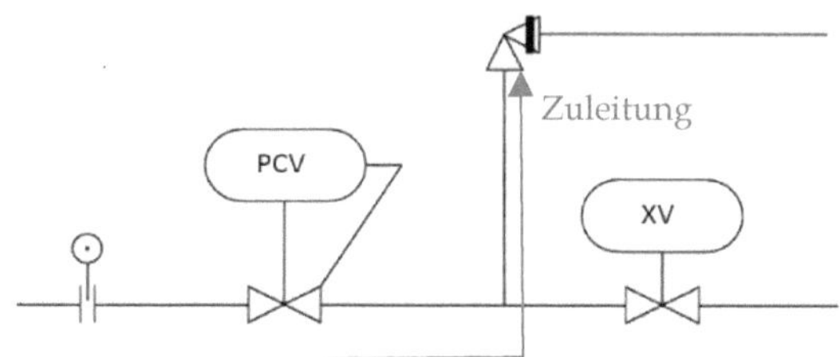

Das führt zwangsläufig zu höheren Druckverlusten in der Zuleitung zum SV, macht das Ganze aber sicherer.

Erst wenn der Durchmesser der Hauptleitung dem 3-fachen des Durchmessers der Zulaufleitung zum SV entspricht, sollte die Zulaufleitung ab dem Abzweig berechnet werden.

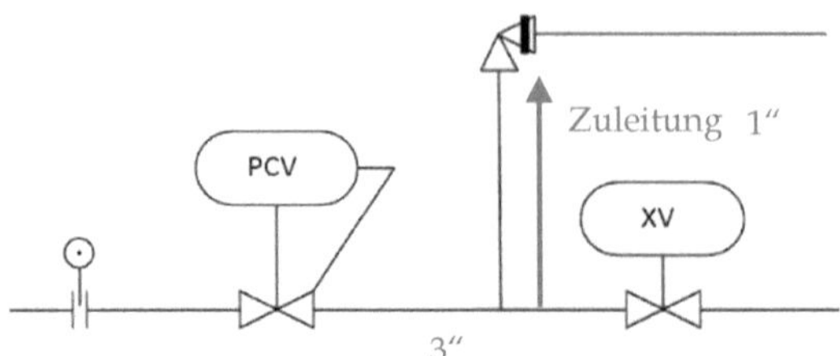

Aber der Konstruktionsphantasie der Piper sind halt keine Grenzen
gesetzt.

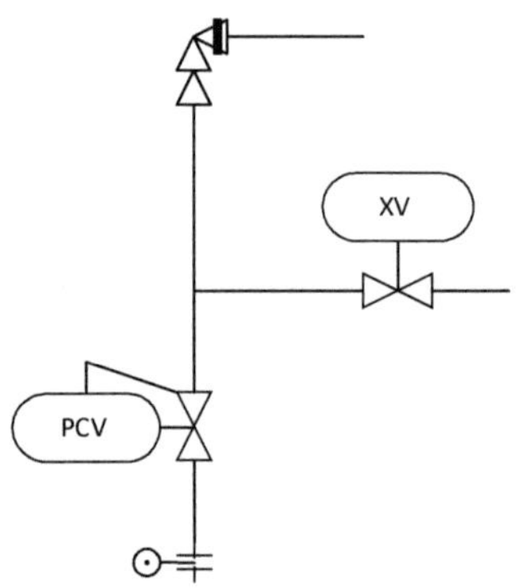

Ab wo hier, sinnvollerweise, die Zulaufleitung zum SV beginnen
soll, weiß der Autor auch nicht, erst recht nicht die Regularien.

Ein Beispiel aus der Praxis:

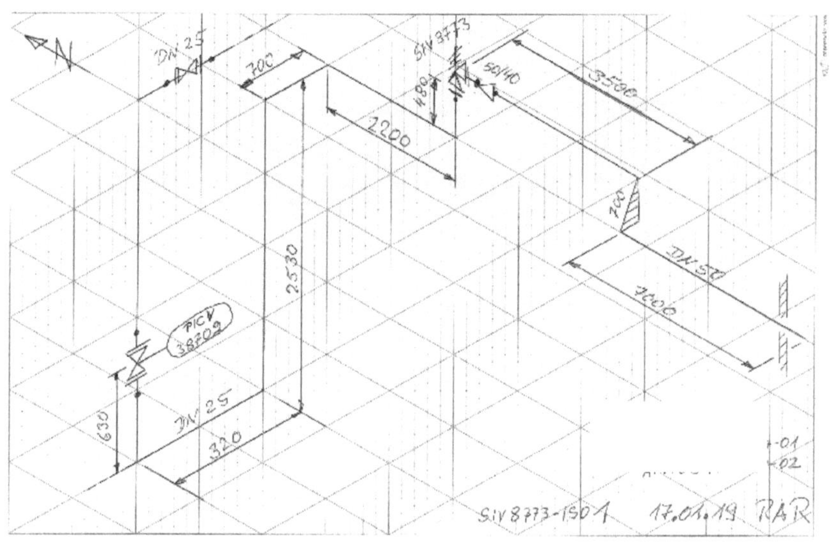

Absicherung einer Stickstoffversorgung

Dieses System wurde von einem „qualifizierten" Engineering-Unternehmen geplant und gebaut. Die Berechnungsunterlagen hierzu sind nicht mehr auffindbar (oder werden, aus berechtigtem Grunde, nicht weitergegeben).

Sieht man sich dieses System genauer an, so kommt man sicherlich zu dem Schluss, dass es diesem Unternehmen verboten werden muss Sicherheitsventile auszulegen und zu planen.

Allein die Betrachtung der Zulaufleitung lassen Zweifel aufkommen, ob das 3%-Kriterium eingehalten werden kann.

Eine „wohlwollende" Nachrechnung ergab einen Zulaufdruckverlust von 21%. Damit widerspricht die gesamte Konstruktion jeglicher Norm.

Und der TÜV hat's akzeptiert........

Mir persönlich stellt sich daher die Frage, ob ein Verbot der Beurteilung von Sicherheitseinrichtungen nicht auch auf die „Benannte Stelle" ausgedehnt werden müsste; jedenfalls solange dort keine hinreichende Kompetenz nachzuweisen ist (der Autor).

8   Elektrische Sicherheitseinrichtungen

Diese werden dann eingesetzt, wenn z.B. ein Entlassen des Mediums in die Umwelt nicht in Frage kommt (zu gefährlich). Gilt auch u.U. wenn die abgeblasenen Stoffe nicht sicher entsorgt werden können oder chemische Reaktionen erst mit Verzögerung zu einem unzulässigen Druckanstieg führen können (z.B. Siedeverzug, hot spots, etc.).

Generell ist zu beachten, dass die Messung der Temperatur wesentlich träger ist als die von Druck. Wird die Temperatur als Grundlage der Sicherung verwendet, so ist die Reaktionszeit der Temperaturmessung bis zum Erreichen der zulässigen Druckgrenze zu berücksichtigen. D.h. die Grenztemperatur bis zur Reaktion der Sicherheitseinrichtung muss so gewählt werden, dass ein Überschreiten des zulässigen Druckes mit Sicherheit verhindert wird. Eine zusätzliche Druckmessung ist also Pflicht.
Achtung: Bei Höchstdruckanlagen (>=1200bar) der BASF gibt es sogenannte T-Notventile. Da wird die Temperatur gemessen, weil der Druck so schnell ansteigen kann, dass ein Sicherheitsventil nicht schnell genug öffnet. Daher wird bei Erreichen einer Grenztemperatur mittels Fremdenergie ein Ventil geöffnet.

Messungen jedweder Art können versagen. Gleiches gilt für Abschaltvorrichtungen (z.B. Schottventile). Daher werden mehrere unabhängige Messungen mit mehreren Abschaltungen kombiniert.

Typisch ist eine 2 von 3 Abschaltung (2oo3, two out of three). Dabei wirken drei parallele Messungen auf zwei hintereinander geschaltete Abschaltungen (SIL 3). Ausgelöst wird die Abschaltung, wenn zwei von drei Messungen den Überdruck/-temperatur registrieren.

Wie viele Messungen und Abschaltungen gefordert sind ergibt sich aus der Gefahrenanalyse und HAZOP und führt in eine SIL-Klassifizierung. Details hierzu siehe einschlägige Literatur und lokale Regelwerke.

Andere Kombinationen sind:
- 1oo1, eine Messung, die eine Abschaltvorrichtung auslöst.
- 1oo2, zwei Messung, die eine Abschaltvorrichtungen auslösen.
- 2oo3, drei Messungen, die dann zwei Abschaltvorrichtungen auslösen.

SIL gilt dabei für die Mess- und Regelgeräte die dann entsprechend teuer werden, da sie eine bestimmte Ausfallwahrscheinlichkeit, je nach SIL-Stufe, garantieren (absolut ausfallsicher sind sie damit nicht!).

Ein weiteres Problem ergibt sich für die Prüfung der Sicherheitseinrichtung. Um das Auslösen der Sicherheitseinrichtung vollständig zu prüfen, muss die Anlage an ihre mechanisch/thermische Grenze gefahren werden. Viele Anlagenbetreiber scheuen das aus gutem Grund.

Ein Beispiel aus der Praxis: Die Konversation mit dem Betriebsleiter eines großen Pflanzenschutzmittelherstellers.
Frage:
„Warum setzen Sie nur elektrische Sicherungen und keine Sicherheitsventile ein?"
Antwort:
„Was nützen mir Sicherheitsventile, wenn ich mit dem abgeblasenen giftigen Mist nicht weiß wohin?"

8.1   Ausfall der Sicherung

Elektrische Sicherungen machen nur Sinn, wenn auch die Elektrik funktioniert. Versagt die Stromversorgung, nützt die beste elektrische Sicherung nichts.

Elektrische Sicherungen wirken auf Regel- und Stellventile, die Steuerluft zur Aktion benötigen. Fällt die aus nützt auch hier die beste elektrische Sicherung nichts.

Und letztlich: Ist es einem Anlagenfahrer und/oder einem Programmierer möglich die Set-Punkte der sicherheitsrelevanten Messstellen zu ändern, wird das ganze Sicherheitssystem ad Absurdum geführt.

Gegen solche Ausfälle ist Vorsorge zu treffen.

8.2   Sicherung gegen Veränderung der Ansprechparameter

Auch heute noch werden elektrische Sicherheitssysteme „hartverdrahtet". Das bedeutet letztlich, dass die Ansprechparameter in den Geräten fest verankert sind und die Elektrik im Schaltschrank fest verdrahtet ist, also am Prozessleitsystem (PLS) vorbeigehen. Dabei werden die sicherheitsrelevanten Messstellen und Ventile mit separaten Kabelverbindungen angeschlossen die keine Verbindung zur Steuerung, also z.B. zum Bussystem der restlichen Anlage haben.

In Zeiten der Bussysteme und der Programmierung gibt es die Alternative, dass dennoch alles über die Programmierung des PLS läuft. Die Sicherheitssysteme sind dann aber in separaten Programmroutinen abgelegt, die keine Verbindung zur Bedienung durch das PLS haben und stark passwortgeschützt sind.

8.3   Ausfallsicherung elektrisch

Die beste elektrische Sicherung nützt nichts, wenn der Strom ausfällt. Ein Punkt, dieses Szenario zu vermeiden, ist, zwei unabhängige Stromeinspeisungen für die Anlage vorzusehen. Das macht generell auch Sinn, um die Anlagenverfügbarkeit sicherzustellen. Dabei sollte auch sichergestellt werden, dass die Trafos redundant ausgelegt sind.

Weitere Möglichkeiten sind die Batteriepufferung und der Einsatz unabhängiger Generatoren. Generatoren sind ebenfalls redundant auszulegen und müssen mit einer Schnellstartvorrichtung versehen sein.

8.4   Ausfallsicherung pneumatisch

Regelgeräte benötigen gemeinhin Steuerluft. Fällt diese aus fällt auch die Sicherungseinrichtung aus, selbst wenn Strom vorhanden ist. Sinnvoll ist der Einsatz separater Steuerluftpuffer.

Dabei gilt: **je Sicherheitseinrichtung ein separater Puffer**.

Die Größe des Puffers richtet sich nach der Zeit, die die Sicherheitseinrichtung benötigt um einen sicheren Anlagenzustand herzustellen.

In der Raffinerie werden in Hydrotreatern elektrische Sicherungen eingesetzt, um im Havariefall den Betriebsdruck der Anlage in 30 min um 50% zu vermindern. Der Puffer muss also so groß sein, um die Armaturen 30 min, plus Reserve, in Funktion zu halten.

9   Beheizung / Berührungsschutz

In einigen Fällen müssen Medien beheizt werden um z.B. Gase an der Kristallisation zu hindern bzw. um Flüssigkeiten hinreichend fließfähig zu halten. Beides würde die Funktionsfähigkeit der Sicherheitseinrichtungen beeinträchtigen. Sowohl Sicherheitsventile als auch Berstscheiben beziehen ihre Stabilität zur Öffnung letztlich aus der Konstanz des E-Moduls; entweder der Ventilfeder oder der Berstscheibe selbst. Der E-Modul der Werkstoffe sinkt aber mit steigender Temperatur, d.h. die Werkstoffe werden „weicher", siehe Diagramm oben. Das wiederum bedeutet, dass sowohl Sicherheitsventil als auch Berstscheibe früher ansprechen als für den Einstelldruck vorgesehen.

Bei Sicherheitsventilen ist daher nur der untere Teil des Gehäuses beheizt, sodass die Feder von der Wärme weitgehend verschont bleibt. Die Praxis sieht leider anders aus. Mit der Isolierung wird dann, gerade bei Sicherheitsventilen, des Guten zu viel getan, der Isolierer meint's gut und hat keine genauen Vorgaben. Dann wird das ganze Ventil isoliert, die Wärme staut sich im ganzen Gehäuse und hat dann den ungewünschten Einfluss auf den E-Modul der Feder.

Weiterhin sollte auch die Abblaseleitung beheizt werden. Es macht natürlich kaum Sinn, wenn der abgeblasene Stoff in der kalten Abblaseleitung fest wird und dadurch deren Querschnitt verengt oder komplett verstopft.
Auch wird niemand die Abblaseleitung nach dem Ansprechen prüfen. Ein nächstes Abblasen wird dann zum GAU.

Also: Vorher denken und planen und sich dann mit dem Hersteller in Verbindung setzen.
Das bedeutet natürlich auch, dass die Beheizung **vor** dem Anfahren der Anlage in Betrieb genommen wird (wurde schon oft vergessen).

Abblaseleitungen von Sicherheitsventilen verlaufen häufig im „Griffbereich" normaler betrieblicher Aktivitäten.

Bei warmgehenden Betriebsleitungen ist ein Berührschutz vorgeschrieben (meist ab 60°C).

Bei Abblaseleitungen von Sicherheitseinrichtungen wird dies oft vergessen, warum?

10   2-Phasen / Entspannungsverdampfung

10.1   2-Phasenentspannung

Eines der kniffligsten Themen der Entspannung durch Sicherheitsventile.
Und auch eines der meist gescheuten, selbst durch Spezialisten.

Aussage von Herrn Limpert:
„Lassen Sie die Finger davon"!!!

Der größte Teil des Volumenstroms ist dabei meist gasförmig, obwohl der größte Teil des Massenstroms flüssig ist. Die Flüssigkeit strömt mit einigen zig m/s durch den Ventilsitz, das Gas will Schallgeschwindigkeit erreichen (will also mindestens 10-mal so schnell sein). Die wenigen Flüssigkeitströpfchen verhindern aber leider, dass das Gas so schnell wird wie bei reiner Gasströmung, weil die Gasblasen ständig mit Tropfen zusammenstoßen. Es kommt daher oft vor, dass das Ventil 2-phasig trotz höherer mittlerer Dichte weniger Massenstrom abführen kann als nur gasförmig!

Man stelle sich also eine mehrspurige Autobahn vor: Einige wenige Autos fahren nur Tempo 40 und viele wollen 400 fahren. Welche mittlere Geschwindigkeit stellt sich ein?

Aber manchmal denkt der Planer es muss halt sein.
Die klassische Methode ist:
* Berechnung des erforderlichen Querschnittes für Gas
* Berechnung des erforderlichen Querschnittes für Flüssiggeit
* Addieren beider Querschnitte und „gut ist".

Hübsch gedacht, aber das führt generell zu zu groß ausgelegten Ventilen mit der anschließenden Gefahr des Flatterns.

Aus den 80/90-ern gibt es eine Schrift von Leung, das den erforderlichen Querschnitt eines Ventils abhängig von Dampf-Flüssigkeit-Gehalt darstellt.

Aus der Zusammenarbeit BASF AG – Samsung entstand eine Rechenvorschrift zur Auslegung von Regelventilen für 2 Phasen-Strömung [5]. Inwieweit die für Sicherheitsventile angewandt werden kann, sollte geprüft werden.

Alles sehr schön, aber nachgewiesen hat es noch keiner !!!!!

Außerdem:

Mit der Berechnung des Sicherheitsventils ist es ja nicht getan, man muss auch die Druckverluste der Leitungen ermitteln. Dabei ist zu beachten, dass sich bei der Entspannung örtlich und zeitlich abhängig von Druck und Temperatur die Zusammensetzung Gas / Flüssigkeit ändert, somit die physikalischen Daten örtlich und zeitlich unterschiedlich sind. Das kann nur mit einer FE-Berechnung realistisch berechnet werden. Es ist auch zu beachten, dass bei Bögen, aufgrund der Zentrifugalkraft, eine Entmischung von Gas und Flüssigkeit auftritt und somit die normalerweise verwendeten Druckverlustbeiwerte der Bögen nicht mehr stimmen (sie werden größer)!

Fazit: Lassen Sie die Finger davon!

10.2 Entspannungsverdampfung

Auch so'n Thema.

Gerade bei der Erzeugung von Heißwasser (gilt auch für alle anderen Stoffe) stellt sich die Frage, wann während des Entspannungsvorganges durch ein Sicherheitsventil das Ganze dampfförmig wird.

Häufig schafft hier die segmentweise Berechnung der Abblaseleitung ab Ventilsitz unter Berücksichtigung des Dampfdruckes Klarheit.

Stellt man fest, dass bereits im Ventilsitz der Dampfdruck (bei Py=Staudruck im Ventilsitz oder bei Pa am Austrittsflansch des Ventils) unterschritten wird, tritt automatisch der Fall „2-Phasen-Entspannung" in Kraft.

Andernfalls wird das Ganze noch komplexer.
Durch entsprechende Gestaltung der Abblaseleitung kann der Punkt der Verdampfung, sofern sie erst nach dem SV einsetzt, festgelegt werden. Das führt allerdings zu ausgedehnter Berechnung mit mehrfachen Iterationen, da sich der Gegendruck der Abblaseleitung auch auf die Leistung des Sicherheitsventils auswirkt. Das wiederum kann zu einem Wechsel des Sicherheitsventiles führen, womit der ganze Spaß von vorne beginnt. Dieses Vorgehen ist eigentlich nicht zu empfehlen, da sie von den Personen der „benannten Stelle" nur selten nachvollzogen werden können.

Was im Ventilkörper auf der Niederdruckseite passiert weiß keiner genau!

Bleibt die Frage nach dem Dampfduck:
Dampfdrücke werden heute fast ausschließlich über Virialgleichungen mit deren zugehörigen Parametern berechnet. Die Qualität der Parameter schwankt allerdings gewaltig und damit auch die Qualität des berechneten Dampfdrucks. Ein falsches Ergebnis in der Berechnung des Dampfdrucks liegt dann im Bereich von falscher Auslegung bis zur Katastrophe. Qualifizierte Werte sind in [9] und [14] zu finden.
Bei Gemischen gleicher Art (z.B. Kohlenwasserstoffen) ist es in erster Näherung legitim, den gemeinsamen Dampfdruck über die molare Mischung zu errechnen. Bei Gemischen mit stark unterschiedlichem Dampfdruck oder solchen mit polaren Komponenten und Kohlenwasserstoffen funktioniert das Ganze nicht. Bitte auch die mögliche Bildung von Azeotropen prüfen.

11 Der abzuführende Massenstrom kann nicht berechnet werden

Gibt's nicht? - Gibt's doch!

Beispiel 1:

Ein OXO-Reaktor wird bei 39 bar$_a$ und 165°C betrieben.
Einsatzstoffe sind: Propen (flüssig), Wasserstoff und CO, je bei ca. 30°C.
Der Katalysator wird über 180°C zerstört und ist extrem teuer.
Die Reaktion ist stark exotherm. Der Reaktor muss gekühlt werden.
Die Temperaturregelung ist daher sehr aufwändig.
Die Reaktion findet zwei- und einphasig statt.
Was bei einem Fehler z.B. der Regelungen im Rektor passiert weiß keiner so genau.

Folge: Der abzuführende Massenstrom kann nicht berechnet werden.

Lösung: Eine Unmenge von Temperaturmessungen im Reaktor um „Hot Spots" zu finden (auch um den Kat zu schützen) in SIL3 und auch Druckmessungen in SIL3-Qualität.

Beispiel 2:

Speziell Medien, wie z.B. Acrylsäure, die als Grundlage zur Polymerisation dienen sind meist durch klassische Sicherheitseinrichtungen nicht abzusichern (s.o.).

12 Druckverluste

Generell wird der Druckverlust mit

$$\Delta P = \Sigma \zeta \frac{1}{2} \rho w^2$$

angegeben.

ρ - ist dabei die mittlere Dichte,

w - ist die mittlere Geschwindigkeit und

ξ – der Druckverlustbeiwert des Rohrleitungselements

So weit so gut. Und wenn es sich entlang des Entspannungsweges um unterkühlte Flüssigkeiten handelt ist alles ok.

Ansonsten gibt es drei Möglichkeiten, die zu betrachten sind:

a)   Entspannungsverdampfung

Die Entspannung überhitzter Flüssigkeiten kann entlang des Entspannungsweges durch den Druckverlust zur Verdampfung führen. Der dann entstehende Dampf benötigt, bei gleichbleibender Geschwindigkeit ein wesentlich größeres Volumen oder wird, bei gleichem Durchmesser extrem beschleunigt. Eine wesentliche Beschleunigung erhöht den Gegendruck, wobei sich der Punkt der Verdampfung entlang des Weges wiederum verschiebt.

b)   Kondensation

Die Entspannung kondensierende Gase ist eigentlich unkritisch. Es sei denn, dass dies nicht berücksichtigt wird und die Entspannungsleitung nach oben verläuft (ein häufig begangener Fehler).

Fazit ist, dass die dann entstehende Flüssigkeit im Rohr „stehen bleibt" und sich einen „Pfropfen" in der Entspannungsleitung bildet.

Was dann passiert, ist abzusehen. Die Flüssigkeitssäule erhöht den Gegendruck und/oder es kommt zu Wasserschlägen während des Abblasens. Die Zerstörung der Abblaseleitung ist dann die Folge.

c)   Isenthalpe / isentrope Entspannung

Nach einer Entspannungseinrichtung wird ein Gas, durch isenthalpe Entspannung abgekühlt, und damit erfolgt eine Erhöhung der Dichte. Gleichzeitig wird, durch die Verringerung des Druckes, auch die Dichte verringert. Jetzt ist die Thermodynamik gefragt!!

Aus allen drei Situationen ist zu ersehen, dass eine einfache Betrachtung der Strömungsmechanik nicht reicht. Die Einflüsse der Thermodynamik sind ebenfalls zu berücksichtigen, die wiederum Einfluss auf die Strömung haben.
Letztlich bedeutet das, dass für eine gesicherte Rechnung, eine Iteration nötig ist.
Besonders dann, wenn in einem Sicherheitsventil die Gasströmung nahe der kritischen Strömung ist. Hierbei kann, je nach Abströmbedingungen ein Wechsel von über- / unterkritischer Strömung im Sitz des Sicherheitsventils stattfinden.

Bei aller gängigen Literatur und deren Formeln ist allerdings zu berücksichtigen, dass hier eine unschöne Vermischung aus idealem und realem Stoffverhalten vorliegt. Gleiches gilt für Rechenprogramme (auch die der Sicherheitsventilhersteller).

Also bitte die thermodynamischen Verhältnisse genau prüfen sonst funktioniert das Ganze nicht!

Kleiner Hinweis in diesem Zusammenhang:
1. Man muss an jedem Querschnittssprung prüfen, ob kritische Strömung (Schallgeschwindigkeit) auftritt. Sollte das der Fall sein, stellt sich nämlich am Ende des kleineren Querschnitts genau der Druck ein, der erforderlich ist, um den Massenstrom bei Schallgeschwindigkeit zu befördern (für Überschall bräuchte man eine Lavaldüse)!
2. Man darf nicht erwarten, dass am offenen Ende Umgebungsdruck vorliegt! Selbst 0,01mm vom offenen Ende entfernt können

noch 10bar$_g$ Druck herrschen, wenn bei überkritischer Entspannung der Massenstrom hoch genug ist.

13 Widerstandsbeiwert ξ

Letztlich bestimmt auch der Widerstandsbeiwert den Druckverlust eines Rohrleitungselementes.

$$\Delta P = \zeta \, \frac{1}{2} \, \rho w^2$$

Bei Rohrleitungen wird der Widerstand bestimmt aus:

$$\zeta = \lambda \frac{L}{d} \,, \text{ mit } \lambda = f\,(\text{Re}, K)$$

Bis heute ist dafür das Colebrook-Diagramm das Maß aller Dinge. Leider wird das Diagramm in heutigen Dokumentationen nur unvollständig dargestellt (auch im VDI-WA). Die vollständige Dokumentation ist z.B. in [8] zu finden.

Für andere Rohrleitungselemente sind Widerstandsbeiwerte in [9], [10], [11], [12] und [13] verfügbar. Erstaunlich ist, dass sich in den meisten Publikationen alle Angaben zu Widerstandsbeiwerten gleichen. Wer da von wem abgeschrieben hat oder wo da der Ursprung liegt bedarf sicherlich einer exzessiven Literaturrecherche.
Meist werden ξ-Werte über „einen Kamm" geschert. Eine differenzierte Betrachtung ist in [13] zu finden.

14 Apropos Thermodynamik

Die allgemeine Gasgleichung liefert für ideale Gase

$$p = \rho * R_i * T \, ,$$

und für reale Gase

$$p = \rho * R_i * T * Z$$

Z als Realgasfaktor kann bei nahezu idealen Gasen bis zu 10 bar_g mit 1 angenommen werden, sagt man für den Praktiker ......
Aber, was ist ein ideales Gas?

Zustandsdaten von Propen:

Druck bar_a	T=30°C	Bemerkung zu T=30°C	T=50°C	T=80°C
	Z		Z	Z
1	0,9851		0,9889	0,9916
2	0,9698		0,9776	0,9831
3	0,9540		0,9662	0,9744
4	0,9379		0,9545	0,9657
5	0,9212		0,9426	0,9569
6	0,9039		0,9305	0,9480
7	0,8860		0,9181	0,9390
8	0,8674		0,9055	0,9299
9	0,8480		0,8936	0,9207
10	0,8276		0,8793	0,9113
10,18	0,8328	Dampfdruck		
11			0,8657	0,9018
12	0,0402	flüssig	0,8517	0,8921

Vertafelung nach Bender

An diesem Beispiel ist zu sehen, wie sich der Realgasfaktor, und damit die reale Dichte, sich mit Druck und Temperatur ändern.
Interessant ist, dass z.B. bei 7 bar_a und 20°C die reale Dichte um 11% gegenüber der ideellen Dichte differiert. Der Effekt wird mit steigender Temperatur geringer.
Bei 11 bar_a, also bei 10 bar_g, liegt Propen bei 20°C nahe des Siedebereichs und bei 50°C und 80°C differiert die reale Dichte um 13% bzw. 10% gegenüber der realen

Soviel zu Gasen, die bis 10 bar_g als ideal betrachtet werden.

Die Einzelprüfung der thermodynamischen Daten ist also zwingend erforderlich!

Häufig werden bei Programmen zur Sicherheitsventilberechnung die thermodynamischen Daten ideal ermittelt, und Dampfdrücke werden generell nicht betrachtet.
Also Vorsicht!!!!

15 Gegendruck

Während des Abblasens erzeugt die abwärts gerichtete Strömung, durch Reibung des Mediums an der Rohrwand und Rohrleitungseinbauten wie Bögen, T-Stücken, etc. einen Gegendruck. Je größer der Gegendruck umso weniger kann das Sicherheitsventil seine volle Leistung ausschöpfen.
Alle Ventilhersteller bieten hierzu Diagramme an, die angeben bei welchem Gegendruckverhältnis (Gegendruck zu Ansprechdruck) die Ausflussziffer in welchem Maß verringert werden muss. Ähnliche Diagramme gelten auch für das Maß der Hubbegrenzung.
Anbei ein Beispiel für Vollhub-Ventile, Gase/Dämpfe aus [10]

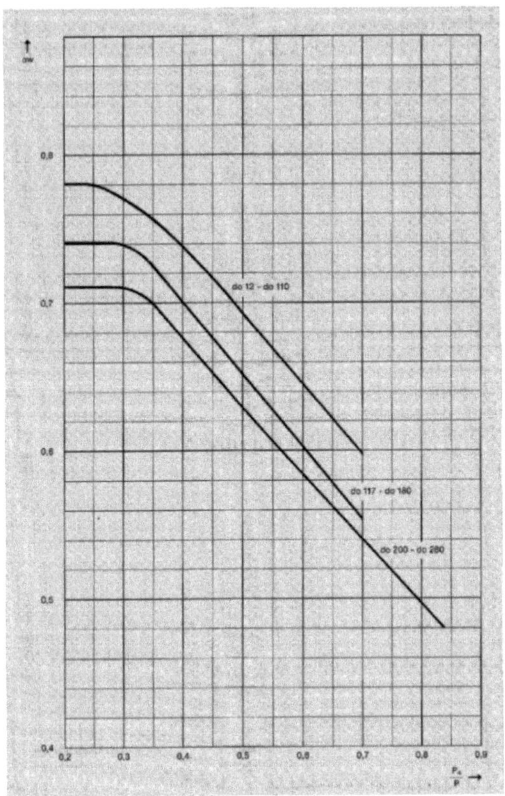

Hierbei ist zu ersehen, dass spätestens ab einem Gegendruckverhältnis über 25% die Ausflussziffer verringert werden muss.

Leider finden sich in heutigen Regelungen, gerade EN 4126, keine Hinweise mehr auf diese Eigenschaft der SV's. Sie sind lediglich in den Katalogen der prominenten Hersteller zu finden, sofern man danach sucht.

Interessant wird das Ganze, wenn mehrere Sicherheitsventile in die gleiche Sammelleitung zur gleichen Zeit abblasen können. Verständlich, dass sich dann der Gegendruck immens ändern kann und ein einzelnes Sicherheitsventil, im ungünstigsten Fall, seine Leistung nicht mehr erbringt.

Wird in der Praxis häufig vergessen.

Und jetzt kommt die Betrachtung der Schließdruckdifferenz hinzu. Diese beträgt für Gase, bei SV's ohne Faltenbalg, gemeinhin 15%. Heißt, das Ganze wird etwas komplexer……..

16 Erweiterte Druckverlustberechnungen

Bei unterkühlten Flüssigkeiten und überhitzen Gasen reichen die zuvor erörterten Betrachtungen zur Strömung und Thermodynamik im Allgemeinen aus, um ein Sicherheitsventil so auslegen zu können, dass es seine Aufgabe sicher erfüllt.
Bei komplexeren Leitungsausführungen mag dies nicht mehr stimmen.

Ein Beispiel sind hintereinander verbaute Bögen. Im einzelnen Bogen selbst herrscht, neben der Ablösungsströmung an den Umlenkungen selbst, eine Rotation des Mediums quer zur Strömungsrichtung [12]. Hat die stromabwärts angeschlossene Rohrleitung eine hinreichende Länge (ca. 20D) werden diese Effekte egalisiert und sind dann durch den Zeta-Wert des Bogens weitestgehend abgedeckt. Auch für zwei hintereinander angebrachte Bögen gibt es Werte zu Druckverlustbeiwerten, die in der Literatur zu finden sind. Aber auch hier ist eine nachgeschaltete Rohrleitungslänge zur Beruhigung der Strömung erforderlich.

Wird die Leitungsführung komplexer versagen die einfachen Druckverlustberechnungen. Hier sind dann Programme nötig, die die Druckverhältnisse nach weitergehenden Strömungstheorien berechnen. In Spezialfällen sind sogar FEM-Analysen erforderlich. Vor allem deshalb, da sich dann auch die thermodynamischen Zustände lokal stark ändern.

Fazit: Je einfacher die Leitungsführung umso einfacher die Berechnung. Trivial aber vielleicht sinnvoll und kostengünstiger.

17 Unterdruck in der Abblaseleitung

Ein oft vergessener Aspekt ist der Einfluss einer abströmenden Flüssigkeitssäule.
Abblaseleitungen für Flüssigkeiten werden sinnvollerweise nach unten geführt.

Sind die Abblasemengen klein und hat die Abblaseleitung einen hinreichend großen Querschnitt, ist alles in Ordnung.
Das sieht dann häufig seltsam aus. An ein Sicherheitsventil DN 25 (1") ist eine Abblaseleitung DN80 (3") angeschlossen. Ist aber notwendig damit sich kein dauerhafter Flüssigkkeitspfropfen bildet.

Anders sieht es aus, wenn sich in der Abblaseleitung doch ein Flüssigkeitspfropfen bildet.
Zunächst erzeugt der während seiner Abwärtsbewegung einen Unterdruck in der Abblaseleitung. Der Unterdruck verhindert nun das Schließen des Sicherheitsventils was zu einer weiteren, wenn auch ungewollten, Entspannung des Mediums führt und den Flüssigkeitspfropfen weiter „füttert". Der Unterdruck bleibt dann solange bestehen, bis sich ein Gleichgewichtszustand einstellt, der es dem Sicherheitsventil erlaubt wieder zu schließen oder das Medium im Behälter zu verdampfen beginnt.
Ist der Behälter für diesen Unterdruck nicht ausgelegt, dann..... das kennen wir doch, oder?

Es ergibt sich ein weiteres Problem. Nämlich dann, wenn der Unterdruck in der Abblaseleitung plötzlich zusammenbricht. Das Sicherheitsventil wird dann, durch den jetzt auftretenden erhöhten Gegendruck in seinem Schließvorgang so beschleunigt, dass dies zur Zerstörung des Sicherheitsventils führen kann. Wieder unschön...

Alle Szenarien dazwischen sind denkbar.

Fazit: Prüfen, ob hierfür eine Zwischenbelüftung nach dem Sicherheitsventil erfolgen muss.

Ein weiteres Beispiel: Eine Batchanlage.
Der Reaktionsbehälter mit SV (Überdruck) hat alles Flüssige in den
catch-pot (10m tiefer) entlassen und keiner hat's gemerkt. Im Behälter herrschte danach Unterdruck und wieder hat's keiner bemerkt
(keine Alarmierung bei Unterdruck, weil das niemand erwartet
hatte). Und dann hat man versucht den Behälter neu zu beschi-
cken...... War unschön.

18 Halterung von Sicherheitsventilen

18.1 Reaktionskräfte

Während des Ansprechens eines Sicherheitsventiles tritt durch das plötzliche Öffnen ein Strömungsimpuls auf, der zu einer mechanischen Reaktionskraft führt.

Eine Grafik nach [10]

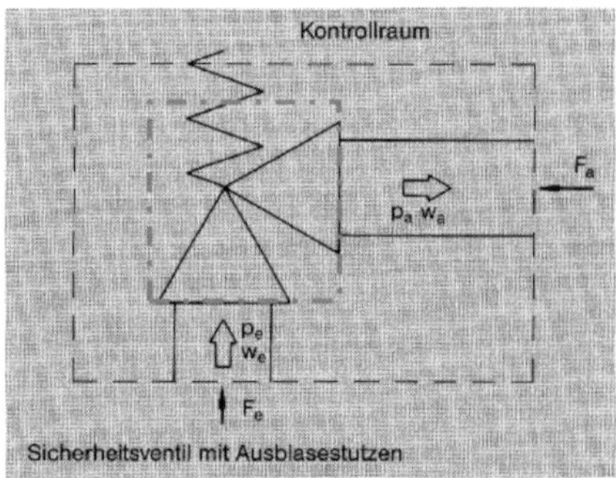

Der eigentliche Kontrollraum ist der rot umrandete Bereich; das Ventil selbst. Vor und nach dem SV mag es Reduzierungen und Erweiterungen geben, die in die Druckverlustberechnung der Rohrleitungen eingehen.

Allerdings sind das Ansprechen des SV und der sich daraufhin einstellende stationäre Strömungszustand zwei Seiten einer Medaille.

Die Impulskraft sollte angenommen werden mit F,Impuls = 2 x m* x v +A x P (der 2. Term ist nur relevant, wenn am offenen Ende Schallgeschwindigkeit vorliegt). Impulskräfte sind i.A. nur am offenen Ende relevant, weil innerhalb der Leitung nach kürzester Zeit (Millisekunden) ein Kraftgleichgewicht vorliegt.

Um diese Kräfte zu beherrschen sollte das Sicherheitsventil gehaltert werden. Ein Festpunkt ist dabei zwingend, es sei denn jemand ist CAESAR II / ROHR2 – gläubig.

Ausnahme: warmgehende Rohrleitungen, hier **muss** berechnet werden.

Haltern, aber wie?
Früher wurden an den Gehäusen der Sicherheitsventile Haltelaschen zu deren Halterung angebracht. Die sollen nur das Gewicht der Armatur tragen, keine Leitungskräfte aufnehmen.

Fazit war, dass bei Ansprechen warmer Medien die Rohrleitungsdehnung immense Kräfte auf das Ventilgehäuse ausübten und dieses, da in seiner Dehnung behindert, letztlich zerstörten.

Heute ist es üblich einen Festpunkt an der Abblaseleitung nahe, des Sicherheitsventils, anzubringen. An der Abblaseleitung deshalb, weil sie allgemein den größeren Durchmesser hat und damit kräftigeren Halterungen Platz gibt.

Apropos Festpunkt:
Die Ansichten, was ein Festpunkt ist bzw. wie er konstruktiv auszuführen ist treibt bis heute seltsame Blüten.

Per Definition der Rohrleitungstechnik ist ein Festpunkt eine Konstruktion, die an dieser Stelle keine Translation in allen drei Achsen erlaubt. Problem ist, dass eine Bewegung = 0 technisch nicht möglich ist. Sie sollte allerdings angestrebt werden. Meist ist es noch nicht einmal der Festpunkt selbst sondern dessen Halterungskonstruktion, die die dann einen Festpunkt ad absurdum führt. Oft fehlen Halterungen ganz.

Mal wieder ein Beispiel gefällig?

Die Abblaseleitung DN25 (1") eines kleinen Sicherheitsventils, 6 barg für Gas, wurde als „Schwanenhals" ohne weitere Halterung ausgeführt. Ein Mitarbeiter der Betriebsmannschaft betätigte, aus welchen Gründen auch immer, den Anlüfthebel des SV.

Fazit: die nicht gehalterte Abblaseleitung reagierte auf die Kräfte durch den Abblasestrom und wickelte sich um den Arm des Mitarbeiters.

Folge: mehrfache Armbrüche.

18.2   Warmgehende Rohrleitungen

Sicherheitsventile werden natürlich auch in warmgehenden Rohrleitungen eigesetzt. Profan, aber nicht ganz „ohne".

Das System von Zulaufleitung, Sicherheitsventil und Abblaseleitung wird in kaltem Zustand montiert. Die Abblaseleitung erhält, wie oben beschrieben, einen Festpunkt kurz nach dem Sicherheitsventil.

Im Betrieb erwärmt sich die Zulaufleitung und muss sich, aufgrund des Festpunktes an der Abblaseleitung, in Richtung seines Ursprungs bewegen. Sind dort Halterungen, nahe des Abzweiges zum Sicherheitsventil installiert, wird das Ganze zu einem Problem der Rohrstabilität.

Häufig wird vergessen, dass Abblaseleitungen ebenfalls sehr warm werden können. Halterungen sollten daraufhin ausgelegt sein.

Die existierenden Halterungen von Abblaseleitungen zeigen häufig, dass sich darüber niemand Gedanken gemacht hat. Das betrifft auch renommierte Planungsunternehmen.

Bei moderaten Temperaturen, bis ca. 160°C, behilft man sich mit der Nachrechnung nach AD2000 HP100R (vereinfachter Spannungsnachweis). Ansonsten sind CAESAR II / Rohr2 gefragt.

18.3   Sichere Ableitung

Auch ein Thema, das oft skurrile Blüten treibt.

Ein Beispiel:
Eine Reduzierstation für Stickstoff von 325 auf 40 barg im Laborgebäude.
Die Abblaseleitung wurde richtigerweise aus dem Gebäude geführt.
Dummerweise endete sie dann genau im Laufsteg der angeschlossenen Rohrbrücke. Dumm gelaufen.......

Das zeigt mal wieder, dass weder die Rohrleitungskonstrukteure noch der Rohrleitungsbauer mit dem Begriff „sichere Ableitung" etwas anfangen können.
Überprüfung ist also angesagt, auch nach der Planung und dem Bau!

Ein Tipp: Damit sollte im frühen Stadium der Rohrleitungsplanung angefangen werden. Ist die Verrohrung der Anlage fertig bleibt dann nur noch das „Schlängeln" der Abblaseleitung durch die vorhandene Verrohrung mit der permanenten Neuberechnung des Sicherheitsventils aufgrund des neuen Gegendrucks. Die Abblaseleitung ist dann zu klein und muss dann ggfs. vergrößert werden. Ein Eldorado für Claims.

Nach Limpert gilt hier leider oft das Motto:
„Planung heißt Zufall durch Irrtum ersetzen" (Dürrenmatt) oder Planung streng nach James Dean „denn sie wissen nicht, was sie tun".
(Hatte ich nicht das schon woanders gelesen? Z.B. Bibel, NT. Heißt also: seit 2000 Jahren nichts gelernt.)

18.4   Werkstoffe

Ein Thema das bei der Entspannung von Gasen auftritt.

Dabei kann es während des Entspannungsvorgangs, durch adiabate Abkühlung sehr kalt werden; häufig zu kalt für den Werkstoff von Sicherheitsventilen und Abblaseleitung. Die kälteste Stelle befindet sich im Ventilsitz des SV.
Ist der Stahl für niedrige Temperaturen nicht geeignet, führt das zu Kaltversprödung des Stahls und ggfs. zum Bruch durch die auftreten Kräfte. Der Stahl benimmt sich dann wie Glas; er verliert seine Zähigkeit.
Ausweg: Der Einsatz eines kaltzähen Stahls [1].

Auch der andere Weg ist möglich.
Manche Gase werden bei der Entspannung warm (heiß), z.B. Wasserstoff.
Selten, aber schon erlebt (der Autor).

Gerade bei Hochdruckentspannungen sollte also geprüft werden, ob die Festigkeit von Sicherheitsventil und Abblaseleitung für die dann entstehenden Temperaturen noch ausreicht.
Ach so, die Wärmedehnung (-Schrumpfung) der Rohrleitungen muss berücksichtigt werden!

18.5 Ausbreitung des abzublasenden Mediums

Es reicht nicht Gase einfach nur ins Freie zu führen. Das gilt vor allem auch für die Standardstoffe Stickstoff und Kohlendioxid. Je nach Wind- und Wetterbedingungen wird am Ende der Abblaseleitung eine Wolke gebildet, die Menschen auch in einiger Entfernung noch verletzen oder gar töten können.

Es ist daher dringend zu empfehlen eine Ausbreitungsberechnung durchzuführen um festzustellen, ab welcher Entfernung die untere sichere Konzentrationsgrenze / MAK erreicht wird.

Das sollte auch unabhängig von lokalen Regularien exerziert werden. Selbst wenn gesetzliche Strafmaßnahmen nicht greifen, werden dann die Versicherungen aktiv und das kann um ein Vielfaches teurer werden als eine simple Berechnung.

Sensibel wird das Ganze, wenn hochgiftige oder brennbare Medien abgesichert werden müssen.

Wieder die Empfehlung sich mit dem Hersteller in Verbindung zu setzen wie hoch die Leckagerate bei welchem Druck tatsächlich ist oder Sicherheitsventile ganz vermeiden.

19 Sicherung der Funktion der Sicherheitseinrichtung

Ein sehr weites und vielfältiges Thema.
Anbei einige Situationen, die bei der Auslegung von Sicherheitseinrichtungen berücksichtigt werden sollten.

19.1 Kondensation in der Abblaseleitung

Generell sind drei Möglichkeiten hierfür denkbar.

- Nach außen geführte Abblaseleitungen in denen sich, im Laufe der Zeit, Kondens- und/oder Regenwasser sammelt. Hier helfen gezielte Entwässerungen an den Tiefpunkten der Abblaseleitung, siehe auch Beispiele.
- Kondensation während des Abblasens. Die einfachste Lösung ist der Einbau eines Zyklons als Gas-/Flüssigkeitsabscheider. Hier jedoch ist der daraus entstehende Gegendruck nachzuweisen.
- Bei brennbaren / giftigen Medien ist ein „Catch pot" üblich, der die flüssigen Bestandteile zur gesicherten Entsorgung sammelt und gasförmige Reste der Verbrennung oder sonstiger sicheren Behandlung zuführt.

19.2 Verkleben

Mal wieder ein Negativbeispiel (selbst verursacht):
Eine Kolonne zur Herstellung von Ammoniumbicarbonat (Trivialname: Hirschhornsalz), Betriebstemperatur 65°C.
Das Sicherheitsventil sitzt richtigerweise am Kopf der Kolonne.
Niemand hatte bedacht, dass dieser Stoff bei Umgebungstemperatur, auch gasförmig, kristallisiert.
Fazit: der Kopf der Kolonne wurde kalt und war binnen kürzester Zeit komplett mit Kristallen belegt, inclusive des Einganges des Sicherheitsventils.

Das Sicherheitsventil war damit außer Funktion gesetzt, weil eben verklebt!!!!

Lösung: Den Kopf der Kolonne und das Sicherheitsventil plus Abblaseleitung über den Schmelzpunkt des Ammoniumcarbonats zu erwärmen (elektrische Begleitheizung) und eine Spülleitung am Beginn der Abblaseleitung installieren; teuer, aber notwendig.
Neben der Kristallisation ist auch die Polymerisation ein Grund für die Verklebung.

Letztlich bedeutet dies, dass jeder Stoff daraufhin zu prüfen ist, ob er sich auch im gasförmigen Zustand verfestigen kann.
Da hilft es auch nicht vor dem Sicherheitsventil eine Berstscheibe einzusetzen.
Das Problem wird einfach „nach vorne" verlagert.

Bei Medien, die zum Verkleben neigen, sind beheizte Sicherheitsventile einzusetzen. Dabei wird aber nur das Unterteil beheizt, nicht aber der Federraum, weil ein Beheizen des Federraums den E-Modul der Feder und damit den Einstelldruck reduzieren würde. Es sind grundsätzlich Ventile mit Faltenbalg zu verwenden, weil die Spindeldurchführung in den unbeheizten Federraum u.U. nicht völlig dicht ist. Ohne Faltenbalg würde das Ventil ordnungsgemäß ansprechen aber leider nie mehr schließen!

19.3 Korrosion

Ab und an ist kein Werkstoff verfügbar, der die Korrosion eines Sicherheitsventils verhindert.
Eine häufige Lösung ist, vor dem Sicherheitsventil eine Berstscheibe einzusetzen, die aus korrosionsbeständigem Material besteht (oft Graphit).

Spricht ein solches System dann an sollte berücksichtigt werden, dass das Sicherheitsventil und die Abblaseleitung die korrosiven Stoffe „gesehen" hat und damit ausgetauscht werden muss.

Das betrifft nicht unbedingt Langzeitkorrosion. Bei Kenntnis dieser wird die jährliche Abtragsrate durch einen Korrosionszuschlag kompensiert.

Das größte Problem stellen Spannungsrisskorrosionen z.B. durch H_2S in unbehandelten Stahlleitungen und Chloride in Edelstahlleitungen dar, die bereits binnen Minuten den Rohrleitungsquerschnitt schwächen (selbst erlebt).

Mit dem Aufkommen biologisch basierter Produktionsprozesse ergibt sich ein neues Problem der Korrosion. Auch die Biologie, z.B. in Form von Bakterien, ist höchst korrosiv bzgl. klassischer Werkstoffe. Allerdings sind diese Zusammenhänge neu und bis heute wenig systematisch untersucht. Also neue Herausforderungen.

Der Vorteil bis heute: Biologische Prozesse verlaufen meist unter Umgebungsbedingungen, so dass Sicherheitseinrichtungen gegen Drucküberschreitung meist unnötig sind.

Letztlich sind es dabei die „Nebenanlagen" die Probleme erzeugen könnten.

So z.B. eine Sauerstoffversorgung, die, ungenügend abgesichert, den Überdruck im Produktionsfermenter erzeugt. Einerseits kann, durch Versagen der Regelarmatur, ein unzulässiger Druck im Produktionsbehälter erzeugt werden, damit ist wieder eine Sicherheitseinrichtung unter Einfluss der Biologie notwendig. Andererseits hat auch die Biologie Einfluss auf die angeschlossenen Rohrleitungen der Nebenanlagen. Heute unter dem Begriff „Bio-Fouling" bekannt, was aber letztlich nur eine andere Form der Korrosion darstellt.

Also ein komplett neues Feld der Forschung....

20 Leckage

Kein Ventil ist zu 100 % dicht. Das gilt natürlich auch für Sicherheitsventile.

Im Allgemeinen behilft man sich damit, dass der Ansprechduck des Sicherheitsventils „hinreichend" weit vom Betriebsdruck gewählt wird.

„Hinreichend" heißt natürlich auch, dass der abzusichernde Apparat teurer wird, als für den Betrieb eigentlich nötig. Also wieder die Diskussion über die notwendigen Investkosten.

Hier muss unter Umständen auch die MAK aufgrund der Leckrate geprüft werden. Hersteller tun sich allerdings schwer, die Leckagerate preiszugeben.

Nach API 527 ist die Leckrate durch einen Blasentest nach dem erstmaligen Ansprechen nachzuweisen.

Nach EN 4126-1, Abschnitt 6.6 ist die Dichtheit „zwischen Hersteller und Besteller zu vereinbaren". Woher sollen die die Grenzen wissen?

Bedeutet: die EN stiehlt sich aus jeglicher Verantwortung (stellt sich die Frage nach dem Sinn dieser EN).

Also wieder Stand der Technik –> API 527.

Und mal wieder: wenn der Sachkundige keine .... Schade, dass sich das auch bis in die europäische Normung fortsetzt.

21 Schweißnähte, Dichtungen

Man mag es nicht glauben aber Schweißnähte sind ein maßgebender Faktor für die Falschberechnung von Druckverlusten. Ich kenne kein Regelwerk, dass zusätzliche Druckverluste durch Schweißnähte berücksichtigt. Also gehen alle davon aus, dass Schweißnähte keinen Einfluss auf den Druckverlust haben. Gleiches gilt für asymmetrisch eingebaute Dichtungen.

Weit gefehlt.
Je nach Fähigkeit des Schweißers können Schweißnähte im Inneren des Rohres einen Durchhang von über 2mm haben. Betrachtet man diese Fehlstelle als Blende und berechnet dann für jede Schweißnaht den Druckverlust als plötzliche Verengung und Erweiterung, z.B. nach VDI-WA, ergeben sich erhebliche zusätzliche Druckverluste. Interessant wird eine solche Betrachtung dann, wenn sich der zulässige Druckverlust der Eintrittsleitung, ohne Betrachtung der Schweißnähte, ganz knapp unterhalb der 3%-Grenze bewegt.
Das sollte berücksichtigt und vor allem auf der Baustelle geprüft werden!

22   Wartung von Sicherheitsventilen

In den meisten Regularien ist die regelmäßige Wartung von Sicherheitsventilen vorgeschrieben. Übliches Wartungsintervall ist einmal jährlich. Nach dem Ansprechen des Sicherheitsventils sollte dieses auf jeden Fall überprüft werden.
Allgemein gelten die Wartungsvorschriften des Herstellers.

Was sollte mindestens geprüft werden:

a)   Korrosion von Ventilsitz und Ventilteller, also letztlich die Voraussetzung der Dichtigkeit
b)   besonders Ventilstange und Führung und auch die anderen beweglichen Teile auf Korrosion
c)   den Ansprechdruck. Die vorgespannte Feder ermüdet im Laufe der Zeit und verringert damit den Ansprechdruck.

Bei Zusatzausrüstungen:
d)   den Faltenbalg auf mechanische Beschädigungen und Dichtigkeit
e)   die Reibbremse. Diese besteht meist aus einem O-Ring der mit der Zeit aushärtet. Der O-Ring sollte bei jeder Prüfung ausgetauscht werden.

Sinnvollerweise werden Sicherheitsventile in einer dafür qualifizierten Werkstatt geprüft. Große SV-Hersteller haben solche Werkstätten in der Nähe von Chemieparks und/oder großen Chemieanlagen. Meist ist es nur die Werkstatt eines SV-Herstellers. Das spielt aber keine Rolle. Die dortig tätigen Mitarbeiter sind soweit qualifiziert, dass sie auch die SV's anderer Hersteller sicher warten können. Für den Betreiber ist letztlich die Dokumentation über das instandgesetzte SV wichtig.

Vielleicht ist dem geneigten Leser aufgefallen, dass, bei der Wartung des SV, jetzt in der Anlage ein SV fehlt und der betreffende Anlagenteil ungeschützt ist. Das sollte nun wirklich nicht sein.

Eigentlich gibt es nur zwei Situationen, in denen ein SV sicher ausgebaut werden kann.
a) der betreffende Anlagenteil wird abgestellt oder
b) das SV ist redundant aufgebaut. Dann kann auf das zweite SV umgeschaltet werden und die Anlage geschützt weiter in Betrieb bleiben.
In beiden Fällen ist darauf zu achten, dass während des Ausbaus keine gefährlichen Stoffe austreten können.
Genau dieser Umstand kann zu einer speziellen Herausforderung werden. Ein Problem, das in der Planung fast immer vergessen wird und mit dem sich dann der Betreiber herumschlagen muss. Auch die HAZOP deckt diesen Missstand meist nicht auf. Soviel zur Qualifikation der Planungsunternehmen und der Prüfinstanzen.

Dabei ist die Lösung doch ganz einfach:
Geeignete Spülanschlüsse an den richtigen Stellen.

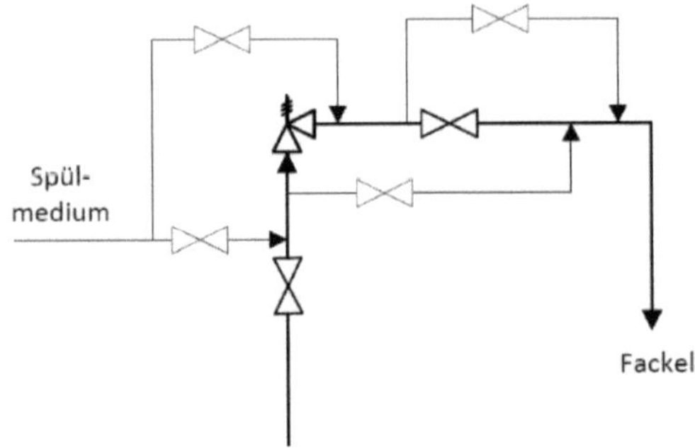

23   Redundante Sicherheitsventile

Redundant aufgebaute Sicherheitsventile werden meist in Conti-Anlagen eingesetzt. Grund ist, dass SV's zur Inspektion demontiert werden können, ohne den sicheren Betrieb der Anlage zu unterbrechen. Die Herausforderung besteht nun darin, so auf das zweite SV umzuschalten, dass keine Unterbrechung der Sicherheitsfunktion eintritt.

Die klassische Lösung sind zwei spezielle Dreiwegeventile, die mechanisch miteinander verbunden sind und sowohl Zuführ- als auch Abblaseleitungen sicher umschalten.

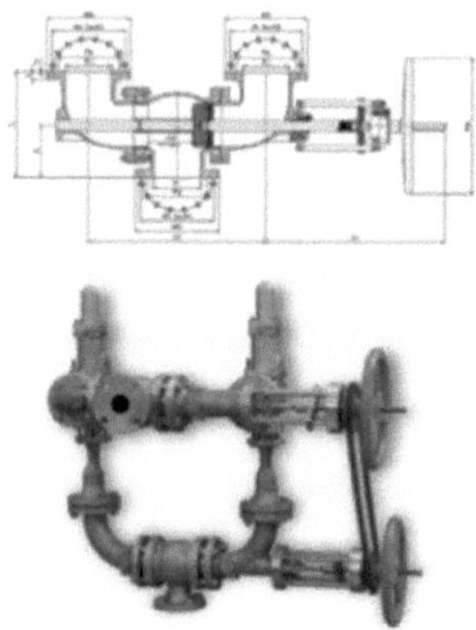

(aus Bopp & Reuther Produktkatalog)

So simpel diese Lösung ist, sie hat auch einige Nachteile
- Die Wechselventile sind extrem teuer, besonders bei größeren Nennweiten
- Der Widerstandsbeiwert ist mit ca. 2,1 anzusetzen
- Auch diese Ventile müssen gewartet werden
- Kette und Zahnräder müssen gewartet werden vor allem dann, wenn die SV-Anlage im Freien installiert ist (ist meistens der Fall)
- Die Anlage ist gegen Fehlbedienung zu sichern

Eine Alternative besteht darin Ventile um die Sicherheitsventile einzusetzen, und mit einem speziellen Schließsystem auszurüsten. Dabei erhält jedes Ventil ein Schloss mit je zwei Schließzylindern. Die Schlösser verriegeln das Ventil jeweils in entweder geöffneter oder geschlossener Stellung. In jedem Schloss steckt ein Schlüssel. Der initiierende Schlüssel wird in der Messwarte aufbewahrt. Erst mit diesem Schlüssel lassen sich die Ventile betätigen. Er wird nun in den freien Slot des ersten zu betätigende Ventils gesteckt. Damit lässt sich das Ventil betätigen. In dessen Endstellung wird der zweite Schlüssel freigegeben, der dann das nächste Ventil freischaltet, u.s.w. Der letzte Schlüssel wandert dann wieder in die Messwarte.

Die Kunst ist nun, die Schlösser so anzubringen, dass das geordnete Öffnen und Schließen der Ventile stattfindet.

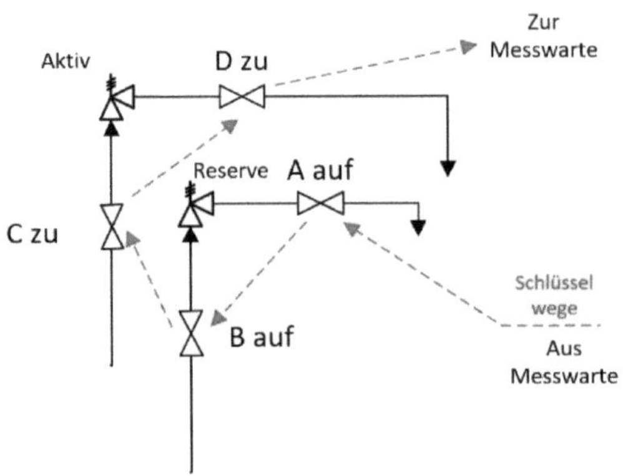

Auch dieses System ist nicht billig, lohnt sich aber bei größeren Nennweiten.

Der Vorteil ist, dass die Bedienung sicher ist. Probleme entstehen erst dann, wenn ein Schlüssel verloren geht.

Als Ventile werden sinnvollerweise Schieber eingesetzt. Deren Widerstandsbeiwert beträgt dann 0,2 je Schieber.

24 Beispiele (auch wie man es nicht macht!)

Anbei einige Beispiele aus der Praxis in lockerer Zusammenstellung

24.1 Horizontal eingebautes Sicherheitsventil

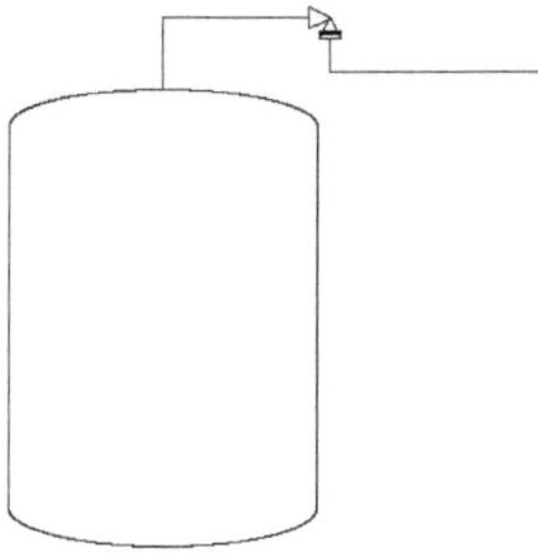

Kaum zu glauben aber das funktioniert. Allerdings nur dann, wenn das Sicherheitsventil ein zweites Lager zur Führung der Stößelstange erhält. Hierzu bitte unbedingt den Hersteller befragen.

24.2 „Schwanenhals" und „Metzgerschnitt"

Der deutsche Sprachgebrauch unterscheidet sich häufig in Theorie und Praxis.

Das ist nichts Neues.

Dennoch ist es oft hilfreich, wenn man weiß wovon der Rohrleitungsbauer spricht.

Nur zwei Beispiele die das Eindringen von Regen in die Abblaseleitung verhindern soll

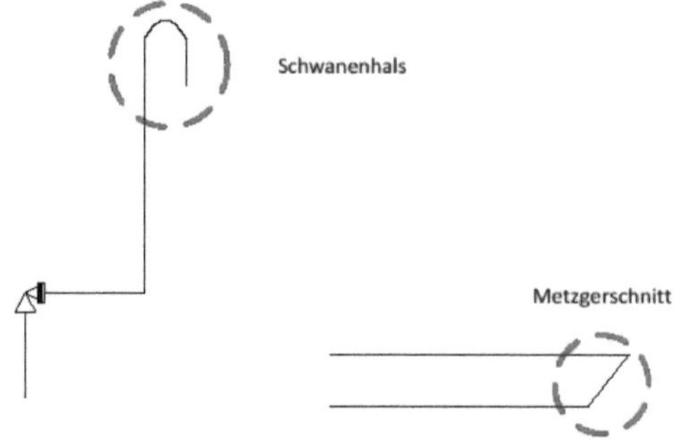

24.3 Druckminderung in gasförmigen Versorgungssystemen

Beispiel 1

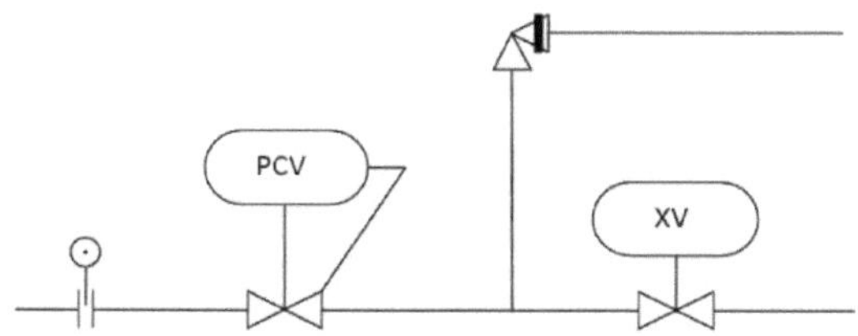

Dieser Aufbau ist ein absolutes „**NO GO**", obwohl gerne und häufig eingesetzt, weil billig und der Planer keine Ahnung hat.

Das dumme dabei ist, es funktioniert tatsächlich nicht!

Im Osten der deutschen Republik habe ich mal einen guten Spruch gehört:

„Billig gekauft ist zweimal gekauft"

Was ist richtig?

Die Begrenzungsblende vor dem Druckminderer zur Begrenzung des abzuführenden Massenstromes für das Sicherheitsventil.

Ein Beispiel aus der Praxis:

Die Begrenzungsblende wurde vergessen. Wie dann ein abzuführender Massenstrom bestimmt werden kann, ist dem Autor schleierhaft. Unterlagen zur Berechnung existieren nicht mehr.

Und die benannte Stelle hat's auch noch abgenommen!

Was ist falsch?

Der Rest!

Das Hauptproblem ist der selbständig arbeitende Druckminderer und das allgemeine Unwissen über dessen Funktionsweise. Meist werden hier einfache selbstwirkende Druckminderer eingesetzt. Diese haben die unangenehme Eigenschaft, dass sie nur dann funktionieren, also den Druck mindern, wenn das Medium konstant fließt.

Eigentlich sollte man das von zu Hause kennen. Wenn die Wasserleitung aufgedreht wird, nimmt der Druck gemeinhin binnen weniger Sekunden auf ein normales Maß ab. Im Keller ist dann genau so ein selbstwirkender Druckminderer eingesetzt, der erst reagiert, wenn das Wasser fließt.

Daher:

Ohne Abnahme liegt nach dem Druckminderer der volle Vordruck an. Der Druckminderer öffnet richtigerweise voll, da er „denkt", dass er den Druck im Abstrom halten muss, der aber nicht da ist. D.h. er öffnet voll und der Vordruck steht auch hinter dem Druckminderer an.

In oben gezeigter Anordnung spricht das Sicherheitsventil daher permanent an -> unschön!

Das führt dann zu folgender Konfiguration:

Beispiel 2

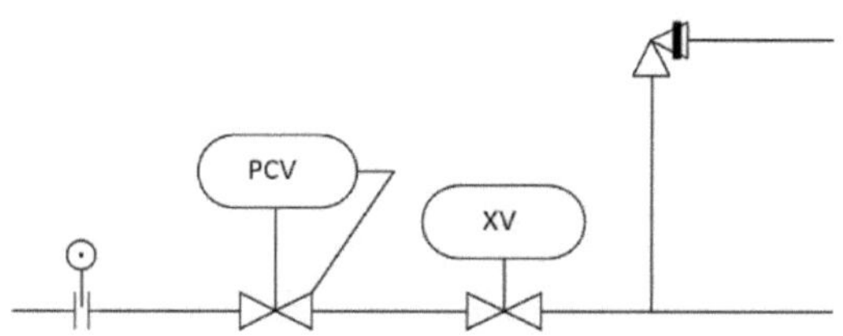

Etwas besser, aber genauso unwirksam.

Im intermittierenden Betrieb oder bei Anfahrvorgängen steht vor dem XV wieder der volle Vordruck an. Da kein Fluss, reagiert das PCV mit voller Öffnung. Wird nun das XV geöffnet passiert dasselbe wie oben beschrieben, nur später. Das Sicherheitsventil spricht an, bis das PCV auf den Strom reagiert und dessen Regelung wirksam wird. -> genauso unschön.

Was also tun?

Z.B. das

Beispiel 3

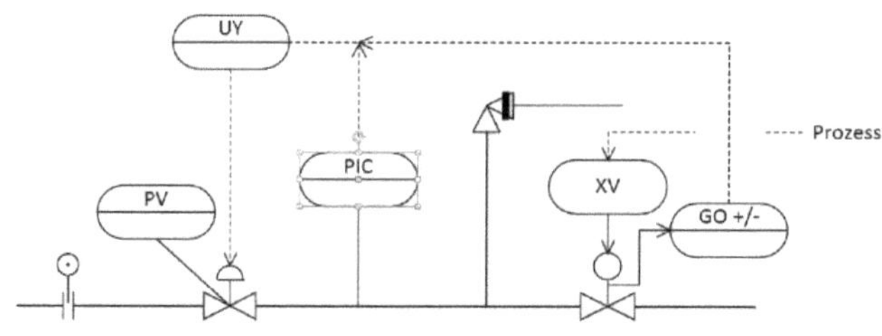

Natürlich die teure Lösung, die daher meist gescheut wird.

Aber sie funktioniert fast sicher.

Sicher funktioniert das Ganze aber erst dann, wenn das XV langsam öffnet. Auch wenn das PIC einen Überdruck verhindert, so ist kein Ventil absolut dicht. Es wird der Druck nach dem PV über einen längeren Zeitraum dennoch über den eingestellten Druck des PIC ansteigen. Obere Grenze ist dann der Einstelldruck des Sicherheitsventils.

Was jetzt noch fehlt ist die vernünftige Gestaltung der Rohrleitung der SV-Zuführung.

Ohne diese wird das Sicherheitsventil gesichert flattern. Grund hierfür ist das fehlende Volumen. Die Reibbremse für das SV ist natürlich obligatorisch.

Und so sollte das Ganze aussehen!

Beispiel 4

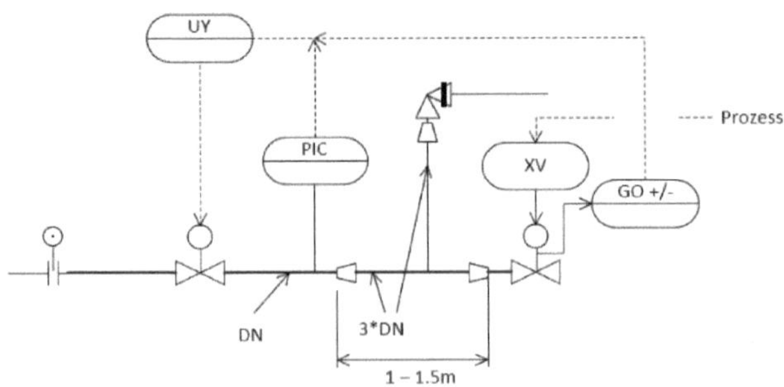

Damit wird dann wenigstens ein gewisses Volumen als Puffer geschaffen.

Gleiches gilt natürlich auch für redundante Systeme.

Behälter

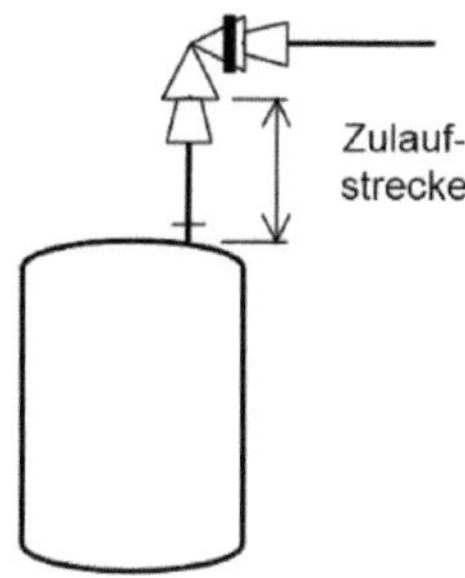

Hier sollte alles OK sein, wenn ein Zulaufdruckverlust kleiner 3% eingehalten wird.

In einigen Chemieanlagen hauptsächlich in Raffinerien sind Sicherheitsventile auf der 2. oder gar 3. Bühne angebracht, also in 12m oder 18m Höhe, um die abgeblasenen Gase/Flüssigkeiten nach unten in die Fackelleitung zu führen. Die Zulaufleitung zum Sicherheitsventil ist daher lang.

Die Kunst bei einer solch langen Leitung ist nun, den Zulaufdruckverlust unter den geforderten 3% zu halten.

Bei Flüssigkeiten ergibt sich ein zusätzliches Problem. Wenn die Flüssigkeitssäule das SV erreicht, wirkt auf den Behälter der zusätzliche Druck der Flüssigkeitssäule. Ist der dafür ausgelegt???

24.4 Generelles Design von Abblaseleitungen

Abblaseleitungen müssen so verlegt werden, dass die bestimmungs-
gemäße Funktion des SV nicht behindert wird. Die häufigsten Fehler
in der Rohrleitungsplanung liegen eben in der falschen Verrohrung.

Grund hierfür ist meist, dass der „Piper" heutzutage keine Ahnung
von richtiger SV-Verrohrung hat, er wird schlichtweg nicht dafür
ausgebildet. Hinzu kommt, dass sofern überhaupt vorhanden, die
Kontrolle versagt. Der Prüfer der Verrohrung ist ein erfahrener
„Piper", der das heute ebenfalls nicht kennt. Was dann passiert ist
der Vorbote einer Katastrophe per se.

Abblasen in eine Sammelleitung

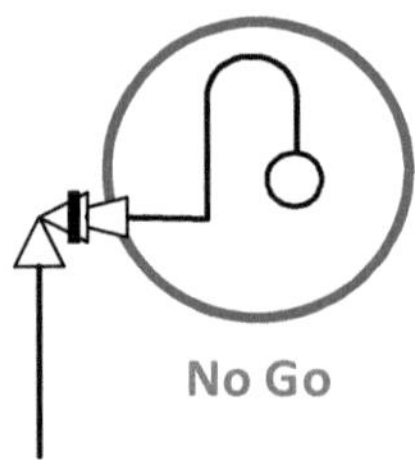

Bläst das SV ab und ist im Medium auch nur Ansatzweise Flüssig-
keit vorhanden so staut sich diese hinter dem SV und führt zu einer
Erhöhung des Gegendrucks.
Ist das abzublasende Medium gasförmig und steht hinter dem SV
Flüssigkeit kommt es bei Ansprechen des SV zu Gas-/Wasserschlä-
gen die das gesamte System zerstören können.

Ein hübsches Beispiel aus einer Anlage in China

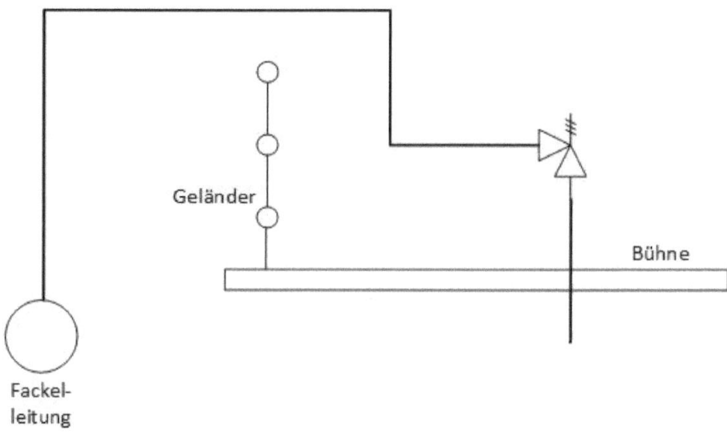

Man wollte halt das Geländer nicht zerstören.

Verlegen der Sammelleitung

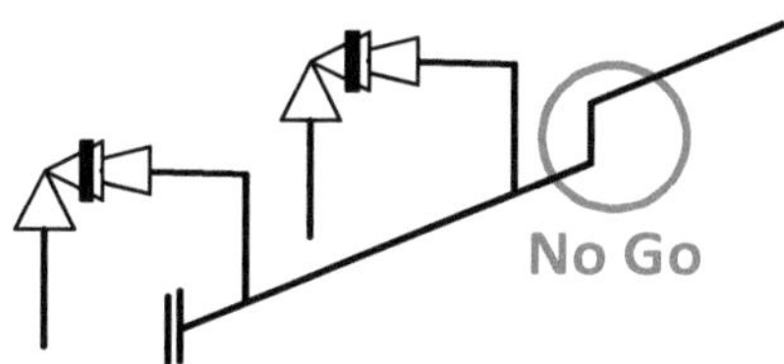

Tiefpunkte in einer SV-Sammelleitung können tödliche Folgen haben!

Gerade, wenn die Abblaseleitung ins Freie geht wird sich im Tiefpunkt der Sammelleitung Kondensat ansammeln. Fakt ist, dass sich der tiefergehende Teil der Sammelleitung mit Kondensat zusetzen wird. Wenn dann ein SV Gas mit hinreichendem Druck abbläst, ist die Katastrophe vorprogrammiert. Ein Beispiel wird weiter unten näher beschrieben.

Fazit

Der geneigte Leser mag sich nun fragen: „Das kann doch nicht sein"!!
Falsch: Die Beispiele sind bei einer Neuplanung in 2017/2018 durch ein „renommiertes" Planungsunternehmen erstellt worden und die benannte Stelle hat das Ganze auch noch abgenommen …..

24.5 Entwässerung der Abblaseleitung

Typische Rohrleitungsführung der Abblaseleitung für Gas

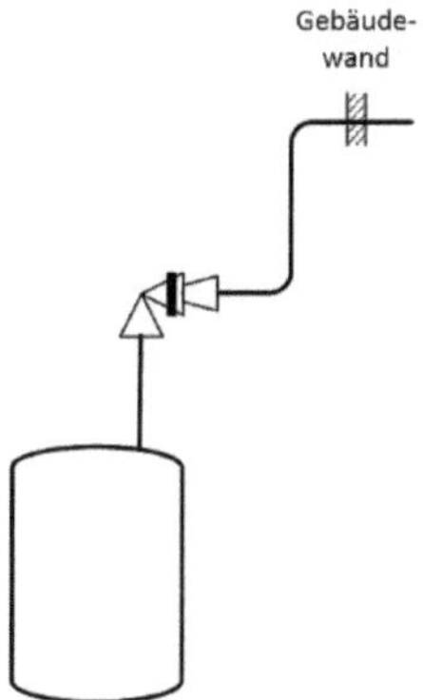

Je nach geografischer Lage mit hinreichender Feuchtigkeit, Sand und Staub sammelt sich in der Abblaseleitung direkt hinter dem Sicherheitsventil Flüssigkeit oder anderes an. In feuchten Gegenden kann sich der komplette Teil der senkrechten Abblaseleitung mit Flüssigkeit füllen. Dann kommt Fouling hinzu.

Fazit:

Die ursprüngliche Berechnung des Gegendrucks der Abblaseleitung kann damit

„in die Tonne ......"

Eine Lösung: (nur gegen Feuchtigkeit)

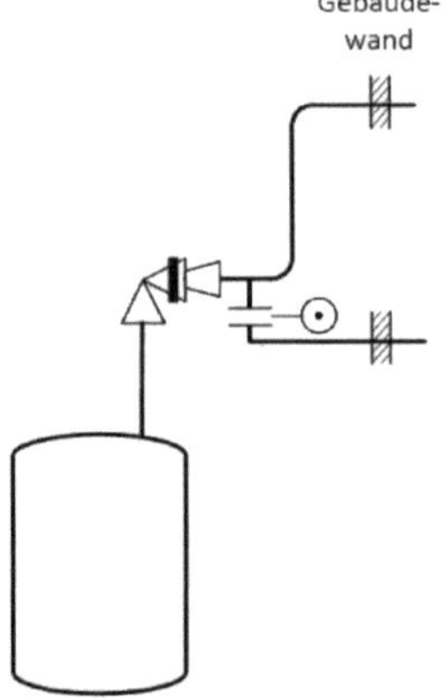

Das ist eine gängige Lösung. Zu bedenken ist dabei, dass die komplette Ausblaskonstruktion permanent der Feuchtigkeit ausgesetzt sein kann. Fouling in allen Ecken kann die Folge sein.

Für brennbare und oder toxische Medien ist das natürlich ein „NoGo"!

Eine andere Lösung:

Besser, und sehr profan, kann es sein, die Abblaseleitung mit einem Kunststoffverschluss zu verschließen wie z.B. solche, die bei der Lieferung neuer Regelarmaturen zu deren Schutz verwandt werden. Allerdings sollte dann regelmäßig geprüft werden, ob der Schutz noch vorhanden ist, die Abblaseleitung hinter dem Abschluss wirklich frei ist oder ob sich die Leitung z.B. durch Fouling zugesetzt hat (auch Vogelnester wurden schon in der Abblaseleitung gefunden??!!).

Aber Achtung:

Auch eine Entwässerung hat ihre Tücken. Es kommt auf den abzublasenden Stoff an. Jedem sollte klar sein, dass giftige und brennbare Stoffe nicht „Entwässert" werden dürfen. Aber auch vermeintlich ungefährliche Stoffe sollten betrachtet werden. Die Entwässerung einer Abblaseleitung für Stickstoff im Gebäude ist tabu!!! Hintergrund sind bleibende Gehirnschäden nach einer Ohnmacht durch Stickstoff.

Und auch hier ist wieder die Fantasie und das Wissen des Planers gefragt.... Und auch die Verantwortung des Betreibers.

24.6   Belüftung der Abblaseleitung bei Flüssigkeiten

Anbei ein Beispiel für geschlossene Systeme. Die Druckmessung sollte in SIL ausgeführt sein!

Fällt der Druck in der Abblaseleitung unter den festgelegten Wert ab öffnet das Regelventil was zum Abriss der Flüssigkeitssäule führt.

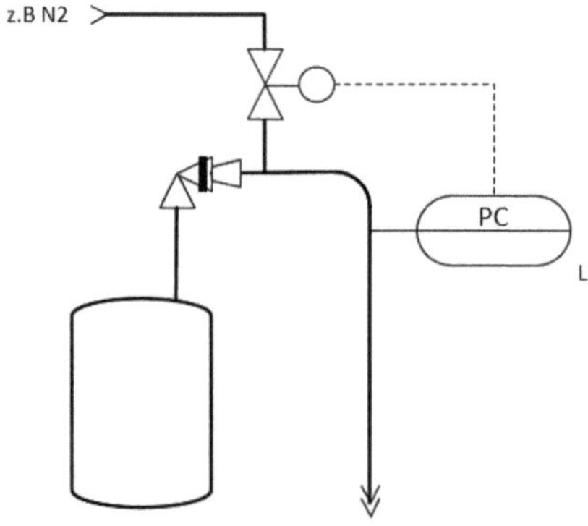

Ein Beispiel für offene Systeme.

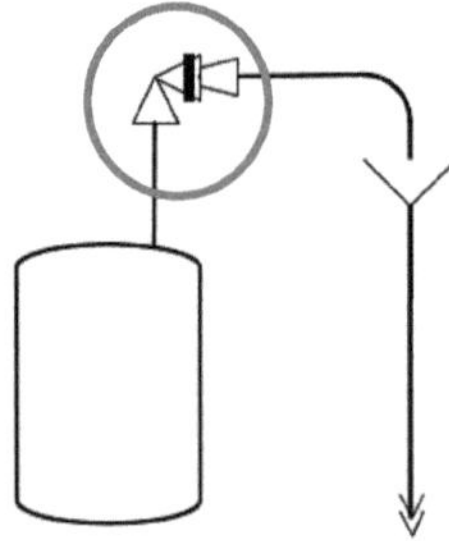

Bei Entspannungsverdampfung muss ein Personenschutz an der offenen Stelle der Ableitung vorgesehen werden!

24.7 Niederdruckabsicherung

Auch wenn Niederdruckabsicherungen eigentlich nicht Thema dieser Schrift sind, hier dennoch ein Beispiel; einfach, weil es „zu schön" ist.

Das Beispiel wurde weiter oben bereits grob behandelt, soll aber hier, wegen des Zusammenkommens zu vieler Ungereimtheiten, näher betrachtet werden.

Ausgangslage:

Auftraggeber:

Ein kleineres Unternehmen mit wenig/keiner Erfahrung im Anlagenbau.

Daher wurde ein renommierter Anlagenbauer beauftragt, das Basic zu erstellen und den Detail-Kontraktor technisch zu führen und zu überwachen.

Der Detail-Kontraktor ist ebenfalls ein bekanntes Engineering Unternehmen.

Aufgabe:

Absicherung zweier Equipment (EQ) mit einem zulässigen Druck Ps von 100 $mbar_g$.

Medium:

Benzin-ähnliches Gemisch bei 95C und einem Betriebsdruck von ca. 50 $mbar_g$ (1063 $mbar_a$). Das Gemisch enthält Leichtsieder, die bereits bei 90°C unter Umgebungsdruck (1013 $mbar_a$) verdampfen. UEG ist 1%, OEG ist 2,5%. Der Taupunkt des kompletten Gemischs liegt bei ca. 85°C.

Sicherheitseinrichtung Y1, Y2:

Federbelastete Ventile (KITO), Einstelldruck Pe = 80 $mbar_g$

Keine Wärmeisolierung der Zu- und Abblaseleitungen.

Eine Beheizung der Leitungen wurde nicht in Betracht gezogen.

Herausgekommen ist folgendes:

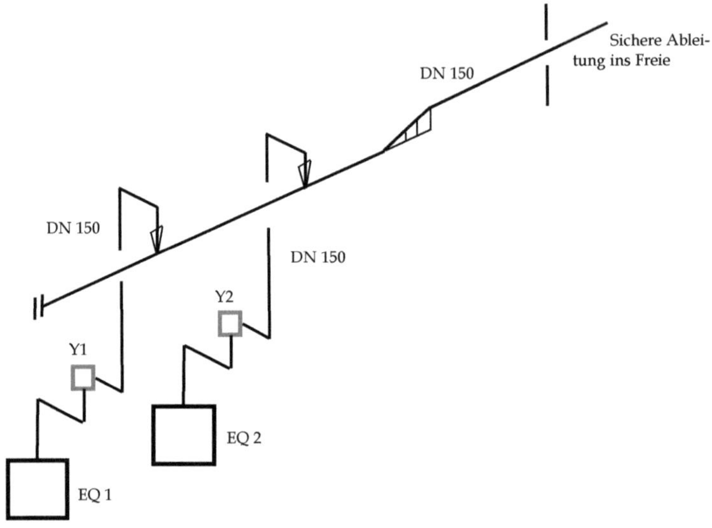

Hier hat Murphy's Gesetz voll zugeschlagen.
Heißt: **alles was schiefgehen kann, ging schief**.

Aber im Einzelnen:
- Druckverhältnisse
  Zunächst fällt auf, dass die Überdrucksicherungen (Y1/Y2) auf
  80 $mbar_g$ eingestellt ist, während die Apparate (EQ1/EQ2) auf
  100 $mbar_g$ ausgelegt sind. Damit reduziert sich die Druckdifferenz von Betriebsdruck 50 $mbar_g$ zum Ansprechdruck 80 $mbar_g$
  auf lediglich 30 mbar (Dichtheit der Armatur?). Üblich ist es, den
  Ansprechdruck der Sicherheitseinrichtung auf den Auslegungsdruck des Apparates einzustellen.
  Welche Gründe zu dieser Entscheidung geführt haben, lässt sich
  heute nicht mehr nachvollziehen.

- Abblaseleitungen

In diesem Fall ist es eigentlich egal, welcher Abblasefall zugrunde gelegt wird. Aufgrund der Verrohrung der Abblaseleitung werden die Sicherheitseinrichtungen nie funktionieren.

Wird Gas abgeblasen, so kondensiert es im aufsteigenden Ast der Abblaseleitung und sammelt sich als Flüssigkeit an der „Rückseite" der Armatur. Die jetzt erhöhte Last durch die Flüssigkeitssäule erhöht zwangsläufig den Ansprechdruck der Armatur ($Pe + \rho*g*H$).

Geht hier alles gut, so wird sich, im Laufe der Zeit, Feuchtigkeit aus der Umgebungsluft im unteren Teil der Sammelleitung ansammeln. Ist diese dann, auch nur teilweise gefüllt, wird der Querschnitt der Abblaseleitung natürlich verringert und die Abblaseleistung der Sicherheitsarmaturen vermindert.

Wahrscheinlicher ist, dass sich Flüssigkeit direkt hinter der Armatur ansammelt, s.o.

Erforderlich ist hier ein stetiges Gefälle aller Leitungen nach der Armatur, um Flüssigkeitsansammlungen zu vermeiden und die Funktionsweise der Sicherheitsarmaturen nicht zu beeinträchtigen. Gott sei Dank wurde wenigstens an das Vogelschutzgitter am Ende der Abblaseleitung gedacht.

- Sichere Ableitung

Wieder das alte Thema. Die Abblaseleitung ist ca. 1,5m aus dem Gebäude geführt und endet oberhalb eines Rolltores in dem eine Tür zum Betreten der Anlage eingelassen ist. Nun sind Benzindämpfe bekanntlich (ist das wirklich bekannt?) schwerer als Luft. Bei Windstille werden sich die Dämpfe am Boden sammeln, dummerweise genau vor dem Türausgang. Die UEG liegt, wie bereits erwähnt, bei 1% und außerhalb des Gebäudes ist keine Ex-Zone definiert.

Dumm gelaufen…

Wie kann so was passieren?
Einfach so und leider immer wieder.

- Zeitdruck,
- Kostendruck,
- Zu viele Schnittstellen, die keiner überwacht
- Mangelndes know how bezüglich Sicherheitseinrichtungen
- Fehlende Prüfung (4-Augen-Prinzip)
- Mangelndes know how bezüglich der Abwicklung der Anlagen-
  planung,
- Konzentration auf das „Wesentliche" der Anlage

Hier haben alle Sicherheitsmechanismen bei Planung und Bau der Anlage versagt, sofern überhaupt vorhanden.
Und die benannte Stelle hat das Ganze auch noch abgenommen.
Dummerweise ein immer wiederkehrendes Problem.

Nun hat der Betreiber, in grenzenloser Selbstüberschätzung, alle beteiligten Unternehmen in Dienstleistungs-Verträgen gebunden, um die volle Kostenkontrolle zu behalten. D.h. mit Abnahme der Leistung durch den „unwissenden" Betreiber sind die Planungs- und Bauunternehmen aus der Haftung entlassen. Besonders dann, wenn die Verträge bzgl. Planungshaftung unzureichend sind.
Der Betreiber ist nun für den „richtigen" Umbau verantwortlich.

Und wieder:
In Sachsen sagt man auch:
„Billich gekooft is zwee mal gekooft"

Hieran sieht man, dass sich oben erwähnte Weisheit auch umdrehen kann:
……. „Wenn der Verantwortliche keine Sachkunde und der Sachkundige keine Verantwortung hat …………."

25 Formeln

Wenn das denn so einfach wäre, denn viele Wege führen nach Rom....

Daher einige Bemerkungen zuvor:

AD2000, EN 4126 und etliche andere Publikationen bieten eine Menge an Berechnungsmöglichkeiten an.
Die sind nicht falsch, aber leider auch nicht vollständig, da sie nicht alles abdecken.

AD2000 beschreibt leider nur dann eine korrekte Berechnung, wenn die Zuleitung exakt den Innendurchmesser des Eintrittsflanschs des Ventils hat (auch dies ist nicht vollständig richtig, da der Eintrittsflansch größer als der Sitzdurchmesser ist, quasi eine Reduzierung bildet) und dies sinngemäß bei der Abblaseleitung ebenfalls der Fall ist. Der Beschleunigungsdruckverlust an Reduzierungen und der Druckrückgewinn hinter Erweiterungen kann damit nicht berücksichtigt werden. Für reale Leitungen mit jeder Menge Querschnittssprüngen erhält man somit Zahlen, die leider nicht viel mit der Realität zu tun haben müssen.....

Die wirkliche Berechnung eines Sicherheitsventils ist letztlich eine Reihe von Iterationen, die alle Druckverluste berücksichtigt und speziell bei Gasen auch deren Änderung der thermodynamischen Bedingungen.

Im Idealfall sitzt das Sicherheitsventil direkt auf dem Behälterstutzen, hat keine Abblaseleitung und es wird Flüssigkeit in weit unterkühltem Zustand abgeblasen (hab' ich nur einmal gesehen).

Aber zur Realität.

Zunächst werden Stoffdaten benötigt.
Und diese vom Zustand des Behälters bei Abblasen bis zum Ende der Abblaseleitung, also ggfs. bis Umgebungsdruck.
Und hier auch bitte **nicht** mit „geschätzten" Daten arbeiten. Das geht letztlich schief.
Auch „Google Engineering" ist ein absolutes „no go" !!!!

Ferner ist der komplette Rohrleitungsaufbau nötig. Auch hier wieder vom Behälter bis zur letzten Stelle des Abblasens. Isometrien sind dabei äußerst hilfreich.
Der Berechner sollte auch wissen, dass die Angabe einer Nennweite nicht dem realen Innendurchmesser eines Rohres entspricht, in dem die Strömung stattfindet. Vielleicht profan, aber es ist wohl immer wieder nötig, das zu betonen.

Und letztlich werden die technischen Daten des Sicherheitsventils selbst benötigt.

Die strömungstechnische Ausbildung einer Sicherheitseinrichtung besteht aus drei generellen Abschnitten:
- der Zulaufleitung incl. des Druckverlustes am Einlauf
- der Sicherheitseinrichtung selbst (egal ob Sicherheitsventil oder Berstscheibe) und
- der Abblaseleitung

Alle drei Komponenten beeinflussen sich während des Abblasens gegenseitig.
Gefragt ist aber ein quasistationärer Zustand der Strömung, der ein gesichertes Abblasen garantiert. So jedenfalls die Forderungen der gesetzlichen Regularien.
Das heißt letztlich, dass bei einer Änderung der Rohrleitung die komplette Rechnung erneut erfolgen muss.

Die nachfolgenden Gleichungen sind Arbeitsgleichungen, die einerseits weitgehend auf Iterationen verzichten aber andererseits hinreichend genau sind, sodass keine großen Überraschungen zu erwarten sind. Sind Iterationen nötig, konvergiert das Ganze recht schnell. Die Gleichungen und deren Herleitung sind in [6] zu finden.

Ermittlung des erforderlichen Sitzdurchmessers des Sicherheitsventils, eine erste Abschätzung

flüssig:

$$d_0 = \sqrt{\frac{4 \cdot \dot{m}}{\pi \cdot \alpha \cdot \sqrt{(P_0 - P_n) \cdot \rho_0}}}$$

$$P_n = P_u \ (\text{oder } P_{aF})$$

gasförmig:

$$d_0 = \sqrt{\frac{4 \cdot \dot{m}}{\pi \cdot \alpha \cdot \psi \cdot \sqrt{2 \cdot P_0 \cdot \rho_0}}} \qquad ; \text{gilt nur für überkritische Strömung}$$

Einige Begriffserklärungen:

P_e – ist der Einstelldruck des Sicherheitsventils ($P_e = P_0 / 1{,}1$)

P_0 – ist der Auslegungsdruck des abzusichernden Systems

P_u – ist der tatsächliche Umgebungsdruck, gemeinhin 1,013 barg (bitte Geologie beachten. Die Provinz Kunming in China z.B. liegt in 2000m Höhe! Und auch dort gibt es jede Menge an Chemieanlagen)

P_n – ist der Druck am Ende der Abblaseleitung

P_a – ist der Druck direkt nach dem Sicherheitsventil

P_{aF} – ist ein zusätzlicher Fremddruck um den der Umgebungsdruck erhöht wird

P_y – ist der Staudruck im Sitz des Sicherheitsventils

P_s – ist der Schließdruck des Sicherheitsventils, siehe auch einschlägige Richtlinien (früher TRD 421)

d – bezeichnet den Innendurchmesser der Rohrleitung

P_n, der Druck am Ende der Abblaseleitung ist gemeinhin höher als der Umgebungsdruck P_u. Ist auch sinnvoll, da sonst das Gas nicht aus dem Rohr strömen würde. Bei Flüssigkeiten kann, mit guter Näherung, $P_n = P_u$ gesetzt werden.

P_{aF} ist ein zusätzlicher Druck, um den der Umgebungsdruck P_u erhöht wird. Dieser kann statischer und/oder dynamischer Natur sein.

- Statisch: wenn das Sicherheitsventil z.B. in ein Fackelsystem abbläst. Der dortige Tauchbehälter hat, bei Niederdrucksystemen, 200-300mm Tauchung und damit 20-30 mbar. Diese sind dem Umgebungsdruck hinzuzurechnen. Bitte auch beachten, dass Anlagen in großer Höhe einen anderen Umgebungsdruck als auf Meeresniveau haben!
- Dynamisch: können mehrere Sicherheitsventile **gleichzeitig** in ein Sammelsystem abblasen, folgt eine nicht zu unterschätzende Iteration, da sich der Gegendruck immens erhöhen kann.

Unter Berücksichtigung aller möglichen Abblaseszenarien und der Rohrleitungsführungen muss jetzt für jedes einzelne Sicherheitsventil der maximale Gegendruck am Ende der Abblaseleitung bestimmt werden. Das wiederum kann zur Änderung einzelner Sicherheitsventile und deren Verrohrungen führen, womit das Ganze von vorne losgeht. EDV-Programme zur strömungstechnischen Berechnung von Rohrleitungssystemen sind hier äußerst hilfreich.
Aber Vorsicht: Solche Programme verfügen kaum über thermodynamische Daten und wenn, sind diese meist mangelhaft.

Im Gegensatz zu anderen Schriften wird hier daher P_{aF} anstatt P_u als äußerer Gegendruck verwendet.

P_a ist der Druck nach dem Sitz des Sicherheitsventils, also im Niederdruckteil des Sicherheitsventilgehäuses. Er kann als Startdruck der Druckverluste der Abblaseleitung verwendet werden. Er stellt sich auch bei der „Rückwärtsrechnung" der Abblaseleitung ein.

Weitere Arbeitsgleichungen nach [6]

Achtung: hier bitte mit α **und nicht** mit α_w rechnen!
α ist also $\alpha_w * 1{,}1$

Staudruck P_y im Sicherheitsventil

gasförmig:

$$\frac{P_0}{P_y} = \sqrt{1 + 2 \cdot \left(\lambda \cdot \frac{L_e}{d_e} + \Sigma \zeta_e + 2 \cdot \ln\left(\frac{P_o}{P_y} \right) \right) \cdot \psi^2 \cdot \alpha^2 \cdot \left(\frac{d_0}{d_e} \right)^4}$$

flüssig:

$$\frac{P_0}{P_y} = 1 + \left(\lambda \cdot \frac{L_e}{d_e} + \Sigma \zeta_e \right) \cdot \alpha^2 \cdot \left(\frac{d_0}{d_e} \right)^4 \cdot \left(1 - \frac{P_a}{P_0} \right)$$

Gegendruck P_a hinter dem Sicherheitsventil

Hier ist es sicherer, die Druckverluste der Abblaseleitung abschnittweise zu berechnen und die thermodynamischen Zustandsänderungen zu berücksichtigen.

gasförmig:

$$\frac{P_a}{P_0} = \sqrt{ \left(\frac{P_n}{P_0} \right)^2 + 2 \cdot \left(\Sigma \left(\lambda \cdot \frac{L_a}{d_a} \right) + \Sigma \zeta_a + \frac{2}{k} \cdot \ln \left(\frac{P_o}{P_n} \right) \right) \cdot \psi^2 \cdot \alpha^2 \cdot \left(\frac{d_0}{d_a} \right)^4 \cdot \frac{Z_a}{Z_0} }$$

flüssig:

$$\frac{P_a}{P_0} \cong \frac{\dfrac{P_n}{P_0} + \left(\Sigma \left(\lambda \dfrac{d_a}{L_a} \right) + \Sigma \zeta_a \right) \cdot \alpha^2 \cdot \left(\dfrac{d_0}{d_a} \right)^4 + \dfrac{P_s}{P_0}}{1 + \left(\Sigma \left(\lambda \dfrac{d_a}{L_a} \right) + \Sigma \zeta_a \right) \cdot \alpha^2 \cdot \left(\dfrac{d_0}{d_a} \right)^4}$$

Funktioniert natürlich nicht bei Entspannungsverdampfung

<u>Druck P_n am Ende der Abblaseleitung</u>

gasförmig:

$$\frac{P_n}{P_0} \cong \psi \cdot \alpha \cdot \left(\frac{d_0}{d_n}\right)^2 \cdot \frac{2}{\sqrt{\kappa \cdot (\kappa+1)}} \cdot \sqrt{\frac{Z_n}{Z_0}}$$

Auch das funktioniert nur, wenn keine Kondensation in der Abblaseleitung stattfindet.

Bitte beachten:
Das Ganze funktioniert nur, wenn in der Abblaseleitung keine Erweiterungen und für die Zuleitung keine weiteren Verengungen verbaut sind. Für eine erste Abschätzung ist das jedoch ausreichend. Sind Nennweitensprünge vorhanden, dann besser Abschnittsweise rechnen. Damit ist allerdings Iteration erforderlich.

flüssig:

$$P_n = P_{aF}$$

Bleiben noch K und λ

K bezeichnet die Rohrrauigkeit. Es ist zu bedenken, dass eine Sicherheitseinrichtung auch noch nach Jahrzehnten funktionieren muss. Sicherheitseinrichtungen werden jährlich geprüft und ggfs. ausgetauscht. Zu- und Abblaseleitung sicherlich nicht. Die Wahrscheinlichkeit, dass sich durch Korrosion die Rohrrauigkeit im Laufe der Zeit erhöht ist wohl gerechtfertigt.
Aus der ursprünglichen Rohrrauigkeit eines neuen Stahlrohres von 0,1 mm wird nach einiger Zeit gerne 0,5 mm und mehr. D.h. für die Druckverlustberechnung muss generell mit „gebrauchten" Rohren gerechnet werden.

λ ergibt sich aus dem Verhältnis von Rohrrauhigkeit K zu Reynoldszahl Re (Colebrook Diagramm).

80% aller Strömungen liegen dabei in dem Bereich in dem λ eine Funktion von λ ist, unschön.

Da Rohrrauigkeiten, gegenüber sonstigen Einbauten, meist nur (außer bei langen Versorgungsleitungen) einen geringen Einfluss auf den Druckverlust haben, kann mit

$$\lambda = \left(2 \cdot \log\left(\frac{d}{K}\right) + 1.14 \right)^{-2}$$

gerechnet werden.

Das liegt weit im sicheren Bereich und für kurze Leitungen ist dieser Fehler gegenüber anderen Verlusten meist vernachlässigbar. Jedenfalls solange der Sitzdurchmesser des SV kleiner als der Innendurchmesser der Zuführungsleitung ist.

Bei langen Abblaseleitungen und hohen Abblasedrücken gilt das nicht! Hier muss leider genauer gerechnet werden.

Bitte beachten:

Der Therm $\left(\frac{d_0}{d_x}\right)^n$ berücksichtigt den Druckverlust zwischen Reduzierung und Erweiterung von Ein- / Austrittsflansch zum Sitzdurchmesser des SV und sollte unbedingt berücksichtigt werden.

26 Literaturverzeichnis

Hier werden nur die wichtigsten Literaturstellen aufgeführt.
Alles andere würde den Rahmen sprengen und der Rest sollte allgemeines Ingenieurwissen sein.

[1] AD2000, A1, A2, A6, W10

[2] API 521, Stand 2014, in Zusammenhang mit API 520, API 526, API 527

[3] DIN EN 4126

[4] Technischer Ausschuss Anlagensicherheit, TA-GS-18 Stand 1998

[5] ap – Automatisierungstechnische Praxis, Jg. 46, Heft 5, 2004

[6] W. Goßlau, R. Weyl, Auslegung von Sicherheitsventilen und Berstscheiben, VDI-Verlag 1989

[7] Technische Strömungsmechanik I (u.A. G. Naue), VEB-Verlag Leipzig 1982

[8] DUBBEL, Taschenbuch für den Maschinenbau I, 1974

[9] VDI Wärmeatlas (VDI-WA), 11. Auflage, Springer-Verlag Berlin Heidelberg 2013

[10] Sicherheitsventile, das Handbuch für Planer und Anwender, Firmenschrift Bopp & Reuther, Mannheim 1994

[11] Walter Wagner, Strömung und Druckverlust, 4. Auflage, Vogel Buchverlag 1990

[12] Willi Bohl, Technische Strömungslehre,10. Auflage, Vogel Buchverlag 1971

[13] Bernd Glück, Hydrodynamische und Gasdynamische Rohrströmung, Druckverluste, VEB Verlag für Bauwesen, Berlin 1988

[14] Poling, Prausnitz, O'Connell, The Properties of Gasses and Liquids, 5th Edition, McGraw Hill, 2007